추천의 말

100년 전 양자물리학이 탄생했다. 앞으로 우리에게 다가올 100년의 모습은 양자기술로 크게 바뀔 것이 확실하다. 지금은 바야흐로 퀀텀의 시대이자 퀀텀 점프의 시대다. 한국연구재단 양자기술단장을 지낸 양자과학기술의 최고 전문가, 존경하는 이순칠 교수님이 멋진 책을 냈다. 양자물리의 내용을 깊게, 양자기술의 현 상황을 넓게 다룬 책이다. 양자과학기술에 대한 깊음과 넓음의 중첩 상태에 있는 이 책을 읽고 많은 독자가 양자의 이해에서 퀀텀 점프를 경험하기를 바란다. 양자기술의 미래는 여전히 불확실해도 우리가 이해하면 대비할 수 있다. 빠르게 다가오는 양자의 시대에 대비하고 싶다면 이 책을 읽을 일이다.

— 김범준(성균관대 물리학과 교수)

2025년은 양자역학 100주년을 기념하여 UN이 지정한 양자과학기술의 해다. 양자물리는 지난 한 세기 동안 인류 문명과 사고의 지형을 근본적으로 바꿔놓았다. 오늘날 우리가 누리는 전자 기기와 의료기술, 재료과학의 성과와 같은 눈부신 문명의 혜택은 모두 원자보다 작은 세계의 법칙에서 비롯되었다. 이 책은 이러한 '첫 번째 퀀텀 점프'의 역사를 짚어내는 동시에, 지금 진행 중인 '두 번째 도약', 즉 양자컴퓨터와 양자기술의 미래를 생생하고 명쾌하게 보여준다.

저자는 난해한 양자역학의 개념을 역사적 맥락과 일상적 비유로 풀어내며 독자가 과학의 최전선에 자연스럽게 다가가도록 돕는다. 중첩과 얽힘, 측정과 확률 같은 추상적 원리들이 현실의 사례와 연결될 때, 우리는 양자 혁명이 단순한 과학의 진보를 넘어 인간 사유의 경계를 넓히는 사건임을 깨닫게 된다.

인공지능의 시대를 넘어 다가올 시대의 변화를 이해하고 준비하고자 하는 이들에게, 이 책은 신뢰할 만한 안내서이자 깊이 있는 통찰을 전해주는 귀중한 동반자가 될 것이다. 또한 자연의 신비를 넘어 철학적 성찰까지 지평을 넓혀줄 지적 모험을 떠날 준비가 된 독자들에게, 이 책은 미래의 문을 열어줄 것이다.

— 정재호(연세대 양자사업단장, 의과대학 외과학교실 교수)

양자컴퓨터는 이제 더 이상 실험실 속의 꿈이 아니라, 산업과 사회를 바꿀 현실로 다가오고 있다. 이 책은 그 변화의 주역인 양자컴퓨터의 원리와 개발에 따른 도전들까지 명쾌하게 설명해주는 친절한 안내서이다.

아이디퀀티크(ID Quantique)는 이미 10년 전, 이순칠 교수님과 깊은 인연을 맺었다. 회사의 창립자 중 한 분인 니콜라스 지생 교수님의 『양자우연성』을 한국에 소개해주신 일이 계기였다. 이후에도 교수님께서는 과학기술정보통신부 관계자분들과 우리 사무실을 직접 방문해 양자암호통신기술과 산업 현황을 함께 논의하고, 지도하는 학생들에게는 'IDQ 같은 기업이 과학기술을 산업화해 새로운 시장을 열고 있다'는 생생한 사례도 전했다. 덕분에 많은 청년이 양자기술을 통해 창업과 연구에 도전할 용기를 얻기도 했다.

최근 교수님과는 한국연구재단 양자기술 플래그십 프로젝트의 최고전문가위원회에서 함께 활동하며, 국가 전략을 논의하는 자리에 자주 함께하고 있다. 유럽 출장을 동행하며 들었던 양자물리학 100년 연구사의 흥미로운 일화들이, 이 책의 문장 곳곳에서 그대로 살아 숨 쉬고 있다.

이 책은 전작 『퀀텀의 세계』의 연장선이면서도, 훨씬 더 넓고 깊게 확장된 통찰을 최신 소식과 함께 담고 있다. 양자컴퓨터의 원리와 개발 방식의 장단점, 그리고 기술 발전에 따라 우리가 마주하게 될 윤리적·사회적 질문까지 차분하게 짚어내는 필치는, 이 책을 읽는 독자들에게 '양자컴퓨터는 단지 기술의 문제가 아니라 우리의 미래와 직결된 이야기'라는 메시지를 강하게 전달해준다.

특히 책 속의 다음 대목이 마음에 크게 남는다.

양자물리가 태어나고 약 30년이 지나 이론이 완성되자 인류는 '신의 지식'을 갖게 되었고 문명에는 퀀텀 점프가 일어났다. …… 지금 우리는 인류 문명의 두 번째 퀀텀 점프를 목격할 시점에 와 있다.

누구보다 양자기술산업을 최전선 현장에서 지켜보고 있는 나로서는, 이 구절이 단순히 오랜 기간 양자물리를 연구한 학자의 예언이 아니라 곧 우리에게 다가올 현실이라는 점을 매일 실감한다.

양자컴퓨터의 현재와 미래에 궁금증을 가지고, 그 미래에 기대를 거는 독자라면 이 책을 통해서 많은 정보와 통찰을 얻을 수 있을 것이다. 기업가이자 양자과학기술의 길을 걷는 후배로서, 또 독자의 한 사람으로서 이 책을 먼저 접할 기회가 생겨 영광으로 생각하며 기쁘게 추천한다.

— 엄상윤(아이디퀀티크 대표)

퀀텀의 시대

인류 문명을 바꿀 양자컴퓨터의 미래와 현재

퀀텀의 시대

THE QUANTUM AGE

이순칠 지음

해나무

퀀텀 점프Quantum Jump:
원자가 에너지 준위를 순간적으로 뛰어넘는 현상.
물리학적 용어를 넘어, '비약적 도약'을 뜻한다.

여는 말

『퀀텀의 세계—세상을 뒤바꿀 기술, 양자컴퓨터의 모든 것』을 쓰고 나자 여기저기 유튜브 채널에서 인터뷰 요청이 왔다. 웬일로 이렇게 양자컴퓨터에 관심들이 많은가 반가워하면서 가보니 대부분 경제 채널이었다. 마침 책이 나오기 바로 전에 미국 증권시장에 상장된 양자컴퓨터 회사에 서학개미들이 많이 투자했다고 했다. 막상 친구 따라 투자를 하기는 했는데 이 회사 주식이 막 오르락내리락하니까 '내가 도대체 뭘 산 거야?' 하고 그제서야 양자컴퓨터가 뭔지 알려고 전문가를 초대했던 것이다.

양자컴퓨터는 병렬처리를 잘하기에 빠르다. 이런 이야기를 들으면 다음으로 일어나는 궁금증이 '어떻게?'와 '그래서?'

다. '어떻게'는 원리에 대한 질문이고 '그래서'는 그런 컴퓨터가 나오면 미래가 어떻게 되겠느냐는 질문일 것이다. 『퀀텀의 세계』는 주로 첫 번째 질문에 대한 이야기였는데 강연을 다니다 보니 사람들이 듣고 싶어하는 이야기는 두 번째였다. 그것이 이번에 『퀀텀의 시대』를 쓰게 된 주된 이유다.

우리나라의 양자 정책은 1년이 멀다 하고 새로 발표된다. 정권과 공무원이 새로운 캐치프레이즈를 늘 원한다는 이유도 있지만 그만큼 세계의 양자기술 개발 속도가 가팔라지고 있기 때문이다. 그래서 『퀀텀의 세계』도 현 상황을 반영해 한번 개정판을 냈었는데, 개정만으로는 독자들이 가장 궁금해하는 두 가지 질문, 즉 '언제 쓸만한 양자컴퓨터가 나오는가'와 '어떤 형태의 양자컴퓨터가 최후 승자가 될 것인가'에 대해 제대로 전달하기가 어려워 이번에 새로 책을 쓰게 되었다.

나는 책을 처음 볼 때 머리말을 읽지 않는다. 그 책에서 말하려는 요점이 무엇인지를 빨리 보고 싶기 때문이다. 본문을 다 읽고 나서야 비로소 머리말과 맺음말이 읽고 싶어진다. 이 책의 여는 말도 이 정도로 하고 빨리 본론으로 들어가보자.

차례

■ 여는 말 6

1부 문명의 첫 번째 퀀텀 점프 — 과거

1장 현대 물리의 충격 — 13
고전 물리의 찬란한 성과 13 | 현대 물리의 등장 21 | 이론과 실험 25 | 문명의 퀀텀 점프 32

2장 패러다임의 전환 — 38
중첩과 측정 38 | 존재와 인식 45 | 미래 결정론 50 | 얽힘과 국소성 55

2부 문명의 두 번째 퀀텀 점프 — 미래

3장 양자기술의 대표 분야 — 67
양자기술의 태동 67 | 양자센서 71 | 양자통신 80 | 양자컴퓨터 87

4장 양자컴퓨터의 활용 분야 — 91
암호 해독 91 | 비트코인 99 | 분자 시뮬레이션 105 | 최적화 문제 115 | 미분방정식 119 | 양자인공지능 123 | 금융 125 | 양자컴퓨터가 가져올 미래 130

3부 양자기술의 현재

5장 양자기술의 투자 지형도 ——————— 147

투자 현황 147 | 개발 현황 160

6장 양자컴퓨터 개발의 현주소 ——————— 172

양자 이득 172 | 오류 정정 180 | NISQ 컴퓨터 190

7장 양자컴퓨터 플랫폼 경쟁 ——————— 198

초전도 양자컴퓨터 198 | 이온덫 양자컴퓨터 203 | 중성원자 양자컴퓨터 206 | 광 양자컴퓨터 210 | 양자점 양자컴퓨터 213 | 점결함 양자컴퓨터 215 | 위상 양자컴퓨터 217 | 최후 승자의 요건 220

8장 우리의 대처 ——————— 233

기업 233 | 국가 239 | 양자 윤리와 개인 243

- 맺는 말 250
- 부록 252
- 주 271
- 그림 및 사진 출처 273
- 찾아보기 276

　19세기 말, 그러니까 1900년을 맞이하는 즈음에는 물리학자들이 앞으로 뭘 해서 먹고사나 걱정하고 있었다. 사소한 몇 가지 문제를 빼고는 자연을 모두 이해해 더 연구할 게 없다고 생각했기 때문이다. 고전 물리가 아주 설득력이 강해서 모두 그 성공에 도취해 있었다. 그러나 이런 느긋한 걱정은 사소한 문제들을 어렵게 풀어내는 과정에서 화려하게 등장한 새로운 물리학에 따라 완전히 사라졌다. 새로운 물리학, 그중에서도 양자물리는 탄생한 후 한 세기 동안 인류 문명을 완전히 퀀텀 점프시키고 사상에도 영향을 미쳤다.

　양자물리가 등장하고 나서 세상은 확 변했다. 양자물리와 양자 컴퓨터에 관해 강연을 하다 보면 양자물리가 도대체 어디에 쓰이냐고 질문하는 분이 있는데, 어느 유명한 영화의 멋진 대사처럼 양자물리는 어디에나 있다. 우리 주변을 둘러보았을 때 100년 전에도 존재하던 것 빼고는 모두 양자물리 덕분에 발명되었거나 개선된 것이다. 스마트폰이나 컴퓨터 등을 비롯한 전자 기기, 건물을 만드는 시멘트나 철근, 벽지, 자동차 등등 양자물리의 영향을 받지 않은 것을 찾기 힘들다.

1부

문명의 첫 번째 퀀텀 점프

과거

1장
현대 물리의 충격

고전 물리의 찬란한 성과

알베르트 아인슈타인Albert Einstein의 연구실에는 그가 존경하는 세 물리학자의 사진이 걸려 있었다고 한다. 과연 아인슈타인이 존경하는 물리학자는 누구였을까? 이 세 사람은 아인슈타인 자신을 포함하여 인류 역사상 가장 훌륭한 업적을 이룬 네 물리학자로 꼽을 만한 사람들로서 아이작 뉴턴Isaac Newton과 제임스 맥스웰James Maxwell, 그리고 닐스 보어Niels Bohr였다. 뉴턴은 물리학의 기틀을 마련한 물리학의 아버지로서, 맥스웰은 전자기학을 집대성한 물리학자로서, 이 두 사람은 고전 물리 시대의 가장 위대한 두 사람으로 꼽을 만하다. 보어는 양자물리의 기초를 세워, 상대론을 발견한 아인슈타인과 함께 현대 물리의 시대를 연 사람이다.

고전 물리를 대표하는 분야로는 뉴턴의 역학과 중력, 맥스웰의 전자기학, 그리고 열역학을 들 수 있다. 뉴턴 역학은 물체의 운동을 기술하는 뉴턴 방정식으로 우리가 사는 세상을 완벽하게 기술한다. 중력 법칙은 질량을 가진 물체 사이에 인력引力이 어떻게 작용하는지 알려준다. 입시를 앞둔 학생들은 절대 '떨어진다'와 같은 재수없는 말을 쓰지 않기 때문에 '지우개가 책상 위에서 떨어졌다'라고 하지 않고 '지우개가 땅에 붙었다'라고 표현한다고 하는데, 이는 매우 과학적인 표현이다.[1] 물체가 땅에 떨어지는 현상을 전문용어를 써서 다시 표현하자면 이렇다. '물체와 지구가 둘 사이의 중력에 의해서 서로 끌어당겨 달라붙는다.'

뉴턴의 역학과 중력의 법칙이 합해져서 어떤 일을 하는지 보자. 그림 1-1은 20여 년 전 토성까지 날아가서 그 행성에 대한 정보를 우리에게 보내주었던 카시니Cassini라는 우주선의 궤도다. 지구의 중력을 벗어나 토성까지 가려면 에너지가 많이 든다. 그래서 미국 항공우주국(NASA)에서 생각해낸 방법은 다른 천체들의 도움을 받는 것이었다. 우주선이 태양계에서 움직이고 있는 다른 행성에 가까이 다가가면 그 행성의 중력이 우주선을 끌어당겨 자신이 움직이고 있는 방향으로 가속한

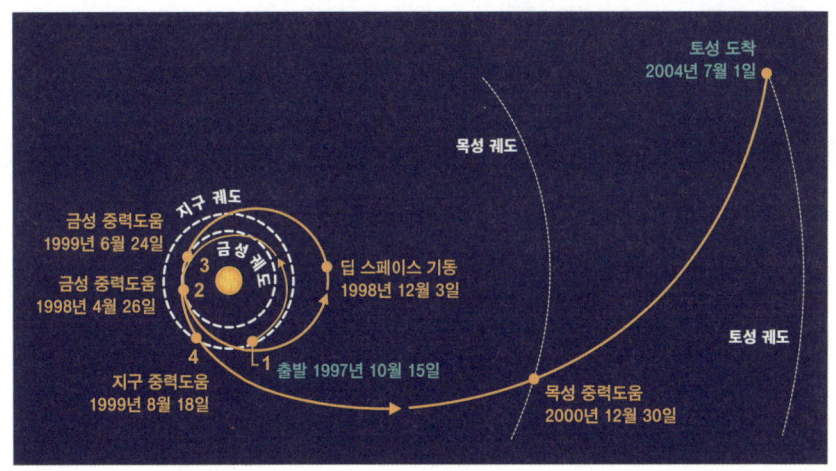

그림 1-1 카시니 우주선의 궤도(노란 선). 원을 그리는 점선은 작은 것부터 금성, 지구, 목성, 토성의 공전 궤도를 나타내고 원들의 중심에 있는 별이 태양이다.

다. 그림을 보면 이 우주선은 1997년 10월 지구의 공전 궤도와 평행한 방향으로 처음 발사된 후 힘이 떨어져 태양 쪽으로 끌려가다가 반년 후인 1998년 금성을 만나면서 가속되어 궤도 반경이 좀 커졌다. 1999년에는 다시 한번 금성에 의해, 그리고 그 후 지구를 만나 가속되어 드디어 지구 궤도를 벗어난다. 2000년에는 목성을 만나 다시 한번 가속되고 마침내 2004년에 토성을 만난다.

이런 여정은 금성과 지구, 목성과 토성의 7년간 움직임을 정확히 예측하고 가속 정도도 정확히 계산할 수 있어야 가능한 일이다. 태양계의 행성들은 엄청난 속력으로 공전하고 있다. 지구는 초속 약 30km로 움직이고 있는데, 이는 12초에 서울에서 부산을 주파하는 속력이다. 금성, 목성, 토성도 비슷하게 빠르게 움직이고 있다. 빠르게 움직이는 물체 위에서, 이렇게 빠르게 움직이는 물체들에 총을 쏘아서 이들보다도 몇 배 느린 총알이 첫 번째 물체에 맞은 후 튕겨서 두 번째 물체에 맞고, 이런 식으로 네 개의 물체를 맞히고 튕긴 후 다섯 번째 물체를 7년 후에 맞힌 것에 해당한다. 이렇게 정밀한 계산을 가능하게 해준 것이 바로 뉴턴의 역학과 중력 법칙이다. 이런 계획을 성공적으로 수행할 정도로 예측력이 강하니, 인간이 자연을 완벽히 통제할 수 있다는 자신감을 느낄 만하다.

대한민국 최초의 달 탐사선 다누리도 이런 방식으로 달나라에 갔다. 2022년 8월에 쏘아 올린 이 우주선은 직접 가면 며칠이면 갈 수 있는 달나라를 이런 방식으로 가느라 4개월이 걸렸다. 경비가 많이 들어 고민하고 있는 항공우주연구원에게 행성의 운동을 이용하라며 NASA가 기밀 데이터를 슬쩍 보여주었다는 소문이 있다. 중국에서 탐사선을 달에 착륙시킨다고 해서 신경은 쓰이는데 달 탐사에 따로 예산이 배정되어 있지 않던 NASA에서 우방인 한국의 달 탐사를 도와주려고 데이터를 공유했다는 건데, 어디까지 사실인지는 모른다.

전자기 분야에는 가우스법칙, 암페어법칙, 패러데이법칙 등 여러 법칙이 있다. 전자기 현상은 매우 복잡하다. 자기장의 변화가 전기장을 만들어내고 역으로 전기장의 변화가 자기장을 만들어내기도 할 뿐 아니라, x, y, z 성분들이 독립적이지 않고 서로 연관되어 있기 때문이다. 맥스웰은 이런 복잡한 전기와 자기에 관한 현상들을 통합하여 이를 완벽하게 기술하는 방정식을 만들었는데, 모두 4개의 식으로 구성되어 있다. 3개의 성분을 가진 벡터로 표시해도 식이 모두 4개나 된다. 양자 물리를 대변하는 슈뢰딩거 방정식은 한 개이기 때문에 학생들이 외우기가 쉬워 시험을 볼 때 몰래 어디 적어놓을 필요가 없지만, 맥스웰 방정식은 복잡하면서도 그 대칭성이 아름다워

그림 1-2 물리학자들이 아름답다고 느끼는 맥스웰 방정식. 티셔츠에는 '신이 맥스웰 방정식을 말하자 빛이 있었다'라고 적혀 있다.

서 교수들이 대학원 면접이나 시험에 자주 등장시키기 때문에 물리학과 학생들은 이 식을 티셔츠에 인쇄해 과티(학과 티셔츠)로 즐겨 입곤 한다. 뒷사람이 보기 편하도록 식을 등 쪽에 인쇄해서!

전기와 자기 현상을 통합하면서 전자기파라는 것이 존재하며 빛도 전자기파의 일종이라는 사실을 알게 되었다. 맥스웰 방정식은 자체가 빛을 다루고 있어서, 시기상 고전 이론으로 분류되지만 이후 상대론과 양자론의 등장에도 건재를 과시했으며 수정되지 않았다. 그래서인지 이 식은 물리학 역사상 가장 완벽하고 아름다운 이론으로 불린다. 복잡하기 이를 데 없는 전자기 현상을 집대성했으니 자연을 완벽하게 이해하고 있다고 오만을 부릴 만했다.

전자기파를 발견하고 나니 사람들이 맥스웰에게 그게 어디에 쓸모가 있느냐고 물었다고 한다. 새로운 발견이 도대체 어디에 쓰일 수 있을지 예견하기는 예나 지금이나 어렵기가 마찬가지인 모양이다. 맥스웰은 이렇게 답했다고 한다. "글쎄요. 그건 모르겠지만 여왕님이 거기에 세금을 매기실 거라는 사실은 분명합니다." 요즘은 맥스웰의 예상대로 여왕님뿐 아니라 모든 나라 정부가 전파에 세금을 부과한다.

산업혁명 시절은 증기기관을 발명해 일에 사용하면서도 도대체 열과 다른 에너지는 어떤 관계가 있는지, 또 엔트로피라는 개념이 무엇을 뜻하는지 어렴풋이만 알 뿐 제대로 이해하지는 못했던 시절이었다. 사실 일상생활에서 늘 얘기하는 온도가 과학적으로는 어떤 의미가 있는지도 몰랐다. 그랬는데 미시적인 관점에서 분자들의 움직임을 통계적으로 처리해 보니 거시적인 열 현상과 너무나 잘 맞았고, 이는 우리가 눈에 보이지 않는 자연의 내막까지 제대로 이해하고 있다는 확신을 심어주었다. 엔트로피 증가의 법칙을 이해하면 세상이 달라 보인다.

그림 1-3 엔트로피가 무엇인지 처음으로 정확하게 알려준 루트비히 볼츠만의 묘비. 이름 이외에 아무런 설명이 없지만, 두상 위에 적힌 엔트로피 식이 묘비의 주인이 누군지 알려 준다. 식에 나오는 상수 k를 '볼츠만상수'라고 부른다.

눈에 보이지도 않는 미시 세계에 입자들이 떼로 있을 때의 거동을 이해하기는 쉬운 일이 아니어서 열역학은 지금 배워도 어렵다. 열 현상을 통계적으로 잘 처리하려면 가능한 상태 수를 하나하나 정확히 셀 수 있어야 하기 때문인데, 이때 필요한 순열과 조합 같은 정수론은 머리 좋은 사람이 잘한다고들 한다. 고전적인 양자이론을 만든 아르놀트 조머펠트Arnold Sommerfeld는 이렇게 이야기했다. "열역학은 이상한 주제다. 처음 공부할 때는 전혀 이해할 수가 없다. 두 번째 공부하면 몇 가지 점만 빼고는 다 이해했다고 생각하게 된다. 세 번째 공부하면 자기 자신이 이해하지 못하고 있다는 사실을 깨닫게 된다. 하지만 그때는 익숙해져서 별로 꺼림직하지도 않다."[2] 내가 열역학을 공부할 때의 느낌이 딱 이랬다.

지구에서 쏜 '총알'이 7년 동안 여기저기 부딪히며 날아가 목표를 맞히도록 계산하고 서로 얽히고설켜서 나타나는 복잡한 전기, 자기 현상을 4개의 방정식으로 완벽히 분해해냈으며, 눈에 보이지도 않는 미시 시계 속 입자들이 떼로 있을 때의 거동을 정확하게 설명할 수 있었으니 이제 우리의 이성은 자연을 완전히 파악하고 있다고 자신할 만하지 않은가. 이것이 19세기 말의 분위기였다. 그러나 20세기에 들어서자마자 우리의 이성이라는 것이 그리 믿을 만하지 않다는 사실이 드러난다.

현대 물리의 등장

현대 음악, 현대 미술, 현대 문학 등 현대라는 말이 여러 가지 문화 현상에 접두어로 많이 사용된다. 각 문화에서 최근의 조류라는 뜻일 것이며, 각각의 경우에 어느 시기 이후를 뜻하는지 대체적인 합의가 있는 듯하다. 그러나 정의하는 시기는 세월이 지남에 따라 달라질 수 있다. 고흐의 시대에는 인상파가 현대 미술이었을 것이며 피카소의 시대에는 입체파가 현대 미술이었을 것이다. 물리학에서도 '현대 물리'라는 말을 쓴다. 그런데 물리학에서 말하는 현대 물리는 다른 문화 현상의 경우와는 좀 다르게 그 시기가 상당히 명확하게 정의되어 있으며 시간이 지나도 그 정의는 바뀔 것 같지 않다.

물리학계에서 '현대 물리'라고 하면 상대성이론과 양자물리, 그리고 이 이론들의 적용으로 새롭게 탄생한 물리들을 의미하며, 시기적으로는 1900년 이후를 가리킨다. 인류는 이 이론들을 적용함으로써 원자, 원자핵, 핵을 이루는 입자들, 원자가 모여 만드는 분자와 고체 덩어리, 그리고 우주의 기원과 진화에 대해 더 잘 알게 되었다. 새로운 물리는 언제나 기존의 물리와 다르지만, 특히 상대론과 양자물리는 우리의 직관을 위배한다는 점에서 그 전과 매우 다르다. 이는 시간이 지나도 변하지 않을 특성이기 때문에 현대 물리의 정의는 변하지 않으리라 예상한다.

상징성도 좋게 20세기가 시작되는 첫해인 1900년, 막스 플랑크Max Planck는 '사소한 문제' 중 하나를 해결하면서 양자물리 시대를 활짝 열었다. 사실 막스 플랑크도 앞으로 물리학에는 더 연구할 것이 없어 먹고살기 힘드니 물리학을 하지 말라는 충고를 들었다. 충고를 해준 사람은 바로 스승이었던 구스타프 키르히호프Gustav Kirchhoff였다. 그는 막스 플랑크가 푼 사소한 문제인 소위 흑체복사 문제를 처음 제시한 사람이었으니, 물리학 역사의 아이러니가 아닐 수 없다. 흑체복사란 검은 물체에서 나오는 전자기파를 말하는데, 주파수 분포가 그 위대한 고전적인 물리 이론으로는 도저히 해석되지 않았다.

수학에서 파이(π)가 중요한 상수이듯이 물리에도 중요한 상수가 몇 개 있다. 양자물리에서 가장 중요한 상수의 이름은 '플랑크상수'다. 통계물리에서 가장 중요한 상수라 하면 볼츠만상수를 들 수 있는데, 플랑크상수와 볼츠만상수 둘 다 플랑크가 도입한 것이다. 이 두 상수는 빛 속도 및 중력상수와 함께 물리학에서 매우 기본적인 상수들이라고 평가된다. 플랑크에게 왜 볼츠만상수에 당신 이름을 붙이지 않았냐고 하자 플랑크는 자신의 이름이 붙은 상수는 하나면 충분하다고 답했다고 한다. 플랑크상수도 플랑크 자신이 붙인 이름이 아니며 플랑크는 이 상수를 다른 이름으로 불렀다고 한다. 양자물리의 시대를 열고, 물리학 사상 중요한 상수들을 두 개나 발견한 데다가, 인성도 훌륭해 막스 플랑크는 독일 물리학 역사상 가장 존경받는 인물로 꼽힌다. 나치 시대에 히틀러에게 유대인 과학자들을 보호해야 한다고 직설하기도 했고, 닐스보어연구소 Niels Bohr Institute의 초대를 받았을 때도 독일 과학자임이 부끄럽다고 거절했다고 한다.

양자물리는 완전히 새로운 물리 법칙이었다. 이 법칙으로 원자 세계를 들여다볼 수 있게 되면서 물리 연구에 신세계가 열렸다. 기존에 거시적인 관찰만으로 수립한 경험 법칙들을 기본 원리에서부터 이해할 수 있게 된 것이다. 할 일이 없다고 생각했다가 신세계가 열렸으니 그 당시 대부분의 물리학자는 비록 양자물리를 전공하지 않는다고 하더라도 양자물리에 큰 관심을 가졌을 것이고, 매일매일 새롭게 발견되는 사실들에 흥분하며 상황을 지켜보았을 것이다. 조지 가모프 George Gamow 는 빅뱅이론의 성립에 공헌한 바가 큰 물리학자인데, 글솜씨가 좋아서 대중과학서도 여럿 썼다. 그중 양자물리가 성립되던 1900년부터 30년간 자신이 직접 겪은 물리학계의 변화를 기록한 책의 제목이 '물리학을 뒤흔든 30년 30 years that shook physics' 이다. 물리학계는 양자물리가 탄생하면서 지각이 변동했다.

모든 물질은 원자로 이루어져 있으므로 당연히 모든 물질의 속성은 구성하는 원자에 따라 결정된다. 왜 어떤 물체는 액

그림 1-4 『물리학을 뒤흔든 30년』의 표지. 왼쪽 위부터 시계 방향으로 막스 플랑크, 알베르트 아인슈타인, 폴 디랙, 엔리코 페르미. 닐스 보어가 빠진 것이 미스터리다.

체이고 어떤 것은 고체인지, 왜 어떤 것은 단단하고 어떤 것은 말랑한지, 왜 어떤 것은 투명하고 어떤 것은 불투명한지 등등이 구성 원자의 상태에 따라 결정된다. 그 원자들은 양자물리 법칙의 지배를 받는다. 양자물리가 탄생하자, 우리 눈에는 보이지 않아 관측할 수 없었던 원자와 분자, 그리고 이들로 이루어진 덩어리 물체들의 속성을 이해하고 이용할 수 있게 되었으며 빛에 대해서도 그전보다 훨씬 더 잘 알게 되었다. 그동안 신이 우리에게 접근을 허용하지 않았던 세계를 들여다볼 능력이 생긴 것이다.

미시 세계라는 신천지를 탐구할 수 있는 양자물리라는 도구가 생기자 원자물리, 핵물리, 입자물리, 고체물리, 천체물리 등이 새롭게 탄생했고 기존에 있던 물리학들도 적용 범위를 미시 세계로 확장했다. 빛을 한 개 한 개 광자(빛알)의 수준에서 연구하는 양자광학, 원자·분자의 세계에 통계물리를 적용하는 양자통계물리, 원자 세계와 빛의 상호작용을 연구하는 양자전자기학, 양자물리에서 상대론적 효과를 연구하는 상대론적 양자물리 등이 그것이다. 현재는 양자물리를 사용하지 않는 물리 전공 분야가 드물다. 그런 분야는 이미 충분히 어려워서 양자물리를 적용할 여력이 없기에 쓰지 않을 뿐이며 언젠가는 사용하게 될 것이고 실제로 점점 그런 시도들이 늘어나고 있다.

이론과 실험

1905년은 물리학계에서 '기적의 해'라고 불린다. 이 해에 아인슈타인은 논문 네 편을 출간했는데, 하나하나가 모두 노벨상감이라고 평가된다. 네 편 중 하나는 물론 특수상대성이론이 주제였으며 나머지 세 편 중 하나는 아인슈타인에게 노벨상을 안겨준 광전효과가 주제였다. 광전효과는 우리에게 주파수의 단위로 유명한 하인리히 루돌프 헤르츠Heinrich Rudolf Hertz가 발견한 것으로서, 금속에 빛을 쪼이면 전자가 공간으로 튀어나오는 현상이다. 물이 햇빛을 받으면 물 분자가 공간으로 튀어나오는 현상, 즉 증발이 잘 일어난다. 그런데 금속에서 일어나는 광전효과는 물에 빛을 비추었을 때와는 양상이 달랐으며, 증발처럼 고전적인 방식으로 설명할 수가 없었다. 광전효과 실험은 매번 똑같이 재현하기가 어려운데 헤르츠가 실험에 워낙 능해서 이를 발견할 수 있었다고 한다. 헤르츠는 교수가 되기 전에 목공 일을 했는데 이 일에도 매우 능숙해서 그의 사수였던 목수는 "헤르츠는 교수나 하기에는 아깝다"라고 했다고 한다.

아인슈타인의 광전효과 실험 해석은 1900년에 플랑크에 의해 처음 제시된 양자화 가설을 사실로 확인하며 양자물리 성립에 탄탄한 발판을 마련해주었다. 세간에는 아인슈타인이 양자물리를 싫어해서 양자론자들과 평생을 싸웠다고 알려져 있는데, 다소 잘못된 부분이 있다. 아인슈타인이 싫어했던 것은 소위 코펜하겐 학파가 정립한 양자물리의 가설이었을 뿐, 실험으로 관측되는 양자적 현상 자체에 반대한 것이 아니었다. 실험 결과는 '팩트'이기 때문이다.

'실험으로 관측되는 사실은 언제나 옳다.' 이 말은 당연하게 들린다. 막상 관측 결과가 이성과 충돌하는 상황이 오면 우리는 받아들이기를 거부하게 되며, 역사적으로도 흔히 그랬다. 그리스 시대의 철학자들 대다수는 논리적 사고만으로 자연의 모든 법칙을 발견할 수 있으며 실험은 필요 없다고 생각했다. 실험이 이론과 다른 결과를 내놓으면 실험이 잘못되었다고 생각했던 것이다. 이런 인간의 오만은 뉴턴법칙이 발견되었을 때 절정에 이른다. 그러나 현대 물리에서는 어느 것 하나 직관적으로 당연한 것이 없다. 사고만으로 자연을 이해할 수 있었다면 현대 물리는 출현할 수도 없었다. 우리의 상식에 어긋나는 실험적 사실들을 설명하는 과정에서 상대론과 양자물리가 탄생했다.

양자물리는 이상한 실험 결과를 설명하기 위해 만들어진 이론이다. 실험 결과를 잘 설명하도록 만들어진 이론이기 때문에 예측이 잘 맞는다. 이상한 실험 결과를 잘 설명하도록 만들어졌기 때문에 이론도 이상하게 들린다. 그래서 이런 말이 나오는데, 농담이 아니다. '양자물리가 괴상한 것이 아니라 자연이 괴상한 것이다.' 이론물리학자들이 처음 생각해낸 이론은 '가설'이라 불리고, 실험으로 확인이 된 다음에야 법칙이 된다. 양자물리이론도 처음에는 '가설'이라고 불렸다. 지금은 누구도 양자물리의 예측력에 의구심을 품지 않지만, 그래도 워낙 이상해서 지금도 양자물리에서는 '기본 가설'이라는 말을 쓴다.

이공계 분야의 연구는 실험과 이론이 공존한다. 지금은 컴퓨터 계산이나 시뮬레이션이라는 회색지대가 형성되어 있지만, 전통적으로 실험실에서 측정을 하는 실험과 연구실에서 펜으로 계산하는 이론은 이공학 연구의 두 축이다. 이론을 알아야 결과를 예측하여 실험을 설계할 수 있고, 실험 결과를 얻고 나서는 이를 설명하는 이론이 필요하므로 연구자는 이론 개발과 실험 활동을 모두 해야 한다. 그런데 자연과학 중에서 가장 오랜 학문의 역사가 있는 물리학은 실험과 이론이 전문화되어 실험물리학자와 이론물리학자가 완전히 구분되어 있다. 실험물리학자는 실험실에서 실험만 하고, 이론물리학자는 책상에 앉아서 펜만 굴린다.

연구 방식이 다르다 보니, 연구자의 성격도 좀 다르다. 바꿔 말하자면 자신의 특성에 맞게 이론을 전공할 것인지 실험을 전공할 것인지를 선택하게 된다. 기계나 공구 다루기를 좋아하고 새로운 사실을 발견하는 기쁨을 누리고 싶은 사람은 당연히 실험을 선호하게 되고, 스스로 기계치라고 생각하거나 사유할 시간을 최대한 확보해서 더 높고 넓게 세상을 이해하고 싶은 사람은 이론을 선호하게 된다. 이렇게 성향이 다르고 하는 일이 다르다 보니, 상대방을 존중하면서도 약간의 경쟁심과 자기 일에 대한 자부심이 있다.

노벨상은 이론에 수여되는 일이 드물다. 왜 그럴까? 이론은 반드시 실험으로 검증이 되어야 사실이 되기 때문이다. 즉 새로운 발견은 기본적으로 실험에서 나온다는 뜻이다. 그리고 이론을 검증하는 실험에 노벨상이 주어지는 경우도 드물다. 실험은 통상 이론에 바탕을 두고 어떤 결과를 관측할지 설계가 되지만, 결과를 예측한다는 것은 이미 알고 있다는 뜻이므로 정의상 새로운 것이 아니기 때문이다. 그래서 노벨상이 수여되는 위대한 실험 결과는 우연히 발견된 것이 많다. 결과를 예측하고 실험을 설계하지만, 그 예상이 틀릴 때 새로운 발견이 이루어진다는 뜻이다.

이론물리학자들은 실험 결과를 설명하기 위해 머리를 짜내며, 언제나 새로운 흥미로운 실험 결과가 나왔는지 찾는다. 한 가지 실험 결과에도 여러 가지 설명이 제시되기도 하고, 시간이 지남에 따라 실험 결과를 더 잘 설명하는 다른 이론이 등장하기도 한다. 이런 이야기가 있다. 한 실험물리학자가 이론물리학자에게 다가가서 실험데이터 그래프를 보여주며 설명할 수 있겠느냐고 물었다. 이론물리학자는 그 그래프를 1~2분간 들여다본 후 "물론입니다"라고 대답했다. 그러고는 칠판을 수식으로 여러 번 가득 채우더니 실험물리학자에게 돌아서서 "이겁니다!"라고 말했다. 실험물리학자는 이론물리학자의 손에 들린 그래프를 물끄러미 바라보더니 이렇게 말했다. "그림을 거꾸로 들고 계시는군요." 그러자 이론물리학자는 그림을 뒤집어 들고 한동안 바라보더니 이렇게 말하더라는 것이다. "미리 말씀하셨어야죠. 이건 설명하기가 더 쉽습니다."

　이건 물론 농담으로 지어낸 이야기지만 비슷한 일을 목격한 일이 있다. 예전에 학생 신분으로 미국물리학회에 참석했을 때의 이야기다. 초청 강연을 하나 들었는데, 강연이 끝나자 질문 시간에 어떤 청중이 손을 들더니 잠시 앞으로 나가서 뭘 좀 보여주어도 되겠냐고 했다. 그러라고 하자 그 질문자는 앞으로 나가 청중들에게 실험데이터를 하나 보여주며 이게 새로운 정확한 실험데이터이며 초청 강연에서 사용된 데이터는 틀린 데이터라고 했다. 그 초청 강연에서 연사는 틀린 데이터를 정확히 설명하는 정교한 이론을 30분 동안 설파했던 것이다. 연사가 망신을 당하고 끝이 난 이 해프닝을 나중에 우리 지도교수에게 이야기했더니 지도교수 말이 그 연사는 20대에 박사를 하고 좋은 대학에서 교수가 된 유명한 수재라고 했다. 똑똑하기는 한데 워낙 잘난 체를 많이 해서 여러 사람이 망신을 주려고 노리고 있었다는 것이다. 그러더니 결국 그런 사달이 난 것이었다.

　이런 에피소드들은 어떤 실험 결과도 이론물리학자들은 설명해낸다는 사실을 지적한다. 실험 결과가 바뀌면 또 다른 이론으로 설명한다. 결국 이론이란 대부분 엉터리라는 말이 될 수도 있는데, 이런 비판의 여과 과정을 거쳐서 제대로 된 이론이 탄생한다.

그런데 이론에만 엉터리가 난무하는 것은 아니다. 이런 말이 있다. '어떤 실험 결과도 설명할 수 있는 이론이 있으며, 어떤 이론에도 맞는 데이터가 있다.' 이 주장의 전반부는 이론이 대부분 엉터리라는 것이고 후반부는 실험 결과도 대부분 믿기 어렵다는 뜻이다. 문제는 대개 다음과 같은 상황에서 발생한다. 실험에서 좋은 데이터를 얻어 좋은 논문을 쓰고 싶어 하는 대학원생들 중에는 욕심이 지나쳐 가장 유명한 이론에 맞도록 자신의 데이터를 조작하는 이들이 종종 있다. 측정과 다른 데이터를 만들어내는 적극적인 조작을 저지르는 일도 있지만, 대부분은 자신의 측정 결과에서 유명한 이론에 맞지 않는 데이터를 몇 개 슬쩍 버리는 소극적인 조작을 한다. 물론 실험 결과가 이론과 다르게 나오는 경우 십중팔구는 대학원생의 실수 때문이지만, 그래도 한두 경우는 여태까지 몰랐던 새로운 발견이다. 그런데 이렇게 조작을 하다 지나쳐버리게 된다.

이론물리학자의 자존심이 누구보다도 자연을 깊은 수준에서 이해하고 있다는 점에 근거한다면, 실험물리학자의 자존심은 새로운 발견이 자신의 손에서 이루어진다는 점에서 비롯한다. 어떤 학회장에 갔더니 한 실험물리학자가 자신의 연구 결과를 발표하면서 이런 말을 했다. "이 자리에는 물리학자와 이론가들이 모여 있습니다." 현대의 원자 모형을 제시한 어니스트 러더퍼드Ernest Rutherford는 실험가로, 이론가들과는 잘 어울리지 않았으나 보어만이 예외였다. 누군가 이 점에 대해 질문하자 러더퍼드는 이렇게 대답했다고 한다. "보어는 달라. 그는 축구선수잖아."[3] 보어는 축구도 선수급으로 잘했다고 한다. 실험과 이론의 위상에 대해서는 아마도 제임스 왓슨 James Watson 과 함께 이중나선 구조를 발견한 프랜시스 크릭 Francis Crick 의 언급이 가장 정확할 것 같다. 크릭은 이렇게 말했다. "모든 실험 결과를 다 잘 설명하는 이론은 엉터리다. 왜냐하면 실험 결과 중에 일부는 엉터리이기 때문이다."[4]

문명의 퀀텀 점프

양자물리의 등장으로 물리학만 변한 것이 아니다. 화학은 양자물리에 의해 환골탈태한 학문이다. 러더퍼드는 무거운 핵 주위로 가벼운 전자들이 돌고 있다는 현대의 원자 모형을 처음 제시한 물리학자인데, 노벨 화학상을 받고 현대 화학의 아버지로 추앙받고 있다. 화학자들이, 원자에 대한 이해가 현대 화학의 시작이라고 생각하고 있음을 나타내는 것이다. 화학은 결합을 연구하는 학문이다. 양자물리가 나오기 전에는 화학결합에 대한 이해가 경험 법칙에 의존하고 있었다. 양자물리가 나오지 않았다면 화학은 연금술 수준에서 확실히 벗어나기 어려웠을 것이다. 물 분자는 수소 원자 두 개와 산소 원자 한 개로 이루어졌다는 사실을 경험으로 알고 있었으나 양자물리가 나오자 왜 그렇게 결합하는지를 이해할 수 있게 되었다. 이해하자 예측이 가능해지고 새로운 물질들을 많이 발명할 수 있게 되었다.

오늘날 화학실험실을 가득 채우고 있는 온갖 분석 기기들, 예컨대 핵자기공명Nuclear Magnetic Resonance(NMR)이나 엑스레이 등도 모두 양자 세상을 이해했기에 가능했던 발명품들이다. NMR은 핵의 스핀이 자기장 하에서 내는 신호를 측정하는 기기다. 병원에서 쓰이는 자기공명영상Magnetic Resonance Imaging(MRI)은 NMR 신호를 위치에 따라 구분해서 측정하여 우리 몸의 수소 분포를 보여주는 장치다. 핵이라는 단어가 들어갔지만 우라늄, 플루토늄 같은 방사성 동위원소가 아니고 우리 몸을 구성하는 수소핵을 관찰하는 것이기 때문에 위험과는 무관하다. 스핀이라는 개념은 양자물리에 의해서 처음 만들어졌는데 고전적으로는 입자의 자전에 해당한다. 스핀이 자기장 하에서 보이는 자기공명 현상은 양자물리 없이는 이해할 수 없는 현상이다. 핵에 대해 이해하게 된 것도 양자물리 덕분이다. 핵자기공명은 완전히 양자물리의 산물이다. 물론 핵을 잘 이해하게 되면서 우리에게 유용한 MRI만 발명된 것이 아니다. 불행하게 원자폭탄도 만들어졌다.

원자, 분자, 핵 외에 빛에 대해서도 훨씬 더 잘 이해하게 되었다. 그 전에는 빛의 반사, 굴절, 에돌이, 간섭 등 파동성을 연구하는 기하광학이 주류를 이루었으나, 양자물리 덕분에 빛의 입자성을 잘 알게 되었고 이를 바탕으로 다른 입자들, 예컨대 원자를 이루는 전자와의 상호작용도 더욱 잘 이해하게 되었다. 이러한 지식으로 발명된 대표 기술로 엑스레이를 들 수 있다. 엑스레이 분광기는 원자나 분자들이 규칙적으로 반복되는 결정에 엑스레이를 쪼여주었을 때 나오는 빛의 패턴을 분석하여 결정 구조를 알아내는 장치다.

생물학도 양자물리의 등장으로 미시 세계를 볼 수 있게 되면서 크게 변화했다. 그 전에는 분류학 등 거시적 관찰에 의존하는 분야가 주를 이루다가 요즘은 익숙한 분자생물학, 유전공학 등 미시 세계를 다루는 분야들이 새롭게 나타났다. DNA, RNA의 이중나선 구조는 엑스레이 실험 결과를 바탕으로 밝혀졌다. 빛에너지를 화학에너지로 바꾸는 광합성이라든지, 생체 내 화학 반응을 돕는 효소의 작용을 이해하기 위해서는 양자물리가 필요하다.

자연과학이 양자물리에 의해 퀀텀 점프를 했으니 과학을 응용하는 공학은 말할 것도 없다. 양자물리의 지배를 받는 미시 세계로 연구 영역을 확대하면서 새로운 분야가 탄생했다. 전자공학은 양자물리 덕분에 새로 탄생한 대표적인 분야다.

트랜지스터와 레이저는 각각 전자공학의 기본인 정보 처리와 통신의 핵심 소자인데, 둘 다 양자물리 덕분에 발명됐다. 양자물리 덕분에 반도체를 잘 이해하게 되면서 트랜지스터를 만들 수 있게 되었으며, 빛에 대한 이해가 높아지면서 광섬유, 레이저 등을 개발해 광통신이 가능해졌다. 현대의 전자 기기에 트랜지스터가 들어가지 않은 것은 찾기 어렵다. 진공관을 이용해 처음 만들어진 컴퓨터는 트랜지스터가 발명되지 않았다면 지금과 같이 널리 쓰일 수 없었다. 레이저는 통신뿐 아니라 산업용 절단과 가공, 무기, 의료용 기기 등 다방면에서 응용되고 있다. 요즘은 레이저포인터를 비롯해 주변에서 레이저를 응용한 제품들을 흔하게 본다.

학문의 성격도 바뀌었다. 재료공학과는 도자기를 연구하던 요업과와 금속을 연구하던 금속과가 합쳐져서 탄생했다. 도자기나 금속에 관한 연구는 과거 거시적인 관찰에 의존하다가 재료공학과가 된 이후부터는 원자의 수준에서 접근하고 있다. 재료공학과에서는 당연히 양자물리를 배운다. 기계공학과는 공학 중에서도 가장 오래된 역사를 가졌는데, 요즘은 기계에 빛을 활용하는 기술이 늘어나면서 광학 분야의 연구를 접목하고 있다. 양자광학을 연구하기 위해 기계공학과에서도 양자물리를 공부한다.

공학 중에서도 가장 전통적인 학과인 기계공학과에서 양

자물리를 공부할 줄 누가 알았으랴. 공학과에서 양자물리를 공부하려면 꽤나 골치 아플 것이다. 남의 학과 핵심 전공필수를 공부한다는 것이 쉬운 일이 아니니까. 대학에서 물리학과를 다닐 때는 공대 다니는 친구들이 돈도 잘 못 벌고 공부만 어려운 과를 다닌다고 심심한 위로들을 해주곤 했었다. 그런데 이제는 양자물리를 공부하느라 고생하는 타 학과 동료 교수들을 보면서 물리학과를 다닌 보람을 느낀다. 젊을 때 고생하기를 잘했지.

우리 문명은 양자물리에 의해 퀀텀 점프를 했다. '퀀텀'이란 말을 번역한 것이 '양자量子'다. 일본 사람들이 '양자'라고 번역하는 바람에 입자와 비슷한 것이라고 오해하는 경우가 많은데, '퀀텀quantum'은 어떤 물체를 가리키는 말이 아니다. 원래 단위라는 뜻의 고어에서 유래했다고 하며 물리량 덩어리라는 뜻이다. 에너지나 운동량 같은 물리량이 덩어리져 있어 연속적이 아니고 불연속적으로 변하는 상황을 가리키는 말이다. 이 단어가 나타날 때마다 불연속이라는 단어를 떠올리면 적합하다.

양자물리가 처음에 나타나고 완전히 정립되기까지는 약 30년이 걸렸다. 양자물리의 주장이 우리의 이성이나 직관과 정면으로 배치되어, 오만한 이성이 구축한 완강한 편견을 깨부수는 게 쉽지 않았기 때문이다. 플랑크가 그랬다. 사람들이 설득되면서 새로운 이론이 받아들여지는 것이 아니라 과거의 개념이 머리에 박힌 사람들이 사라지면서 조금씩 새 이론이 대체되어 자리를 잡는 것이라고.[5] 인간의 이성이란 이렇게도 믿지 못할 도구지만, 한편으로는 어쨌든 결과적으로 잘못된 판단을 인정하고 도저히 이해되지 않는 사실을 있는 그대로 받아들인 것도 우리의 이성이니 대단하다고 생각한다. 현대 물리는 인간 이성의 승리다.

2장

패러다임의 전환

중첩과 측정

양자물리는 우리의 문명만 바꾼 것이 아니고 우리의 사고에도 영향을 미쳤다. 상식과 정면으로 부딪치는 과학이 실험으로 입증되며 등장했으니, 자연관과 세계관이 바뀌지 않을 수 없었고, 우리의 이성과 감성이 만들어내는 문화에 영향을 미치지 않을 수 없었다. 도대체 양자물리의 주장이 뭐길래 우리의 이성으로 이해할 수 없다는 것일까?

양자물리의 핵심 가설은 '삼라만상이 **입자의 성질과 파동의 성질, 둘 다를 가졌다**'라는 것이다. 처음 양자이론을 접하고 충격을 받지 않는 사람은 결코 그것을 이해한 것이 아니라고 양자물리의 아버지 보어도 말했다.[6] 양자물리의 핵심 가설이 이해되지 않는 것은 이 구절에 이해하기 어려운 전문용어가 들어가 있기 때문이 아니다. 입자란 우리가 보통 상식적으로 알고 있듯이 작은 당구공 같은 '알갱이'를 말하는 것이며, 파동이란 출렁임이 전파되어 가는 '현상'을 의미한다. 입자를 '질량 알갱이'라고 말하면 이해하기가 더 편하겠지만, 빛 알갱이, 즉 광자처럼 질량이 없는 예도 있어서 그냥 알갱이 정도로 정의해야 한다. 입자의 대표적인 성질은 당구공처럼 충돌하는 것이며, 파동은 반사, 굴절, 간섭 등의 성질을 보인다. 이성적으로 판단할 때 이 두 가지 성질을 모두 갖는다는 주장은 도저히 받아들일 수 없다. 하지만 자연은 우리 인간이 받아들이든 말든 상관하지 않는다. 이는 실험으로 관측되고 증명되는 사실이다.

'빛 알갱이'라는 표현은 우리가 상상하듯이 빛이 연속적인 특성만을 가진 것이 아님을 강조하고 싶을 때 사용하려고 만들어졌다. 햇빛 아래에 있으면 몸이 따듯해지는데, 이는 햇빛의 에너지가 '연속적으로' 우리에게 전달되어 그런 것이 아니다. 빛의 세기는 점점 약하게 줄일 수 있지만 더는 줄일 수 없는 최소량이 있다. 이 최소량을 가진 빛 알갱이들이 여러 개 나에게 불연속적으로 날아와 내 몸을 덥힌다. 이럴 때 빛에너지를 두고 '양자화되어 있다'고 표현한다.

물리학자들도 이성적으로 납득이 가지는 않지만 양자물리

의 법칙이 자연 현상을 옳게 기술하므로 그냥 받아들이고 있다. 그래서 물리학자들은 이런 상황을 두고 '신은 물체를 월수금에 파동으로 다루고, 화목토에는 악마가 입자로 다룬다'고 농담하기도 한다. '나는 양자물리는 도저히 이해할 수가 없어' 하며 포기하기에는 이르다. 더 말이 안 되는 이야기가 많이 남았다. 파동의 모든 성질은 중첩superposition으로 설명된다. 중첩이란 도, 미, 솔 세 개의 음이 합해져서 으뜸화음이 되는 것처럼 여러 파동이 겹치는 현상이다. 모든 물체가 파동의 성질도 가지고 있다고 했으므로 물체도 중첩된 상태에 있을 수 있다.

파동의 중첩은 여러 파동이 합해지는 현상으로 이해가 되는데 물체의 중첩은 어떻게 이해해야 좋을까? 물체의 중첩이란 '우리가 측정했을 때 나타날 가능성이 있는 상태들의 합체' 정도로 이해할 수 있다. 예를 들어, 수소 원자는 바닥 에너지 상태나 들뜬 에너지 상태에 있을 수도 있지만, 이들 두 상태가 겹친 상태에 있을 수 있다. 돌멩이는 여기에 있는 상태와 저기에 있는 상태가 겹쳐져 있을 수 있다.

이런 이야기를 들으면 독자들은 속으로 '그게 무슨 ×소리야'라고 반응하고 있을 것이며, 그래야 정상이다. 그러나 그것이 양자물리 이야기라는 것을 아는 순간 대부분은 '아, 그런가? 내가 멍청해서 이해할 수가 없는 것이로군. 역시 양자물리는 어려워' 하고 받아들이고 만다. 양자물리 같은 권위 있는 분야에 감히 질문했다가 바보가 되느니 차라리 가만히 있으면 중간은 간다는 사고방식이다. 마치 바보로 몰리고 싶지 않았던 사람들이 벌거벗은 임금님을 보면서 찬란한 옷을 입고 있다고 군중 속에 섞여 거짓말을 하는 것처럼. 그러나 '임금님은 벌거벗었다'라고 외치는 아이같이 이상한 건 이상하다고 말하는 용기가 필요하다. 양자물리의 역사에 그런 용기 있는 사람들이 있었으며 그 덕에 지금의 양자기술이 발명될 수 있었다.

중첩 이야기를 들었을 때 첫 번째 떠오르는 반박은 '우리에게 돌멩이가 여기와 저기에 동시에 존재하는 상태 같은 것은 관측되지 않는다'이다. 이에 대해 양자물리는 황당한 답변을 준비해놓았다. 물체의 상태는 중첩되어 있다가 측정하는 순간 한 가지 상태만 빼고 모두 사라진다는 것이다(그림 1-5).

그림 1-5 중첩된 상태의 측정 전과 후.

나머지 상태는 모두 사라진다고 해서 이런 과정을 '붕괴'라고 부른다. 즉 수소 원자는 우리가 보고 있지 않을 때는 바닥 에너지 상태와 들뜬 상태의 중첩에 있다가 우리가 관측하는 순간 둘 중 한 가지 상태로 붕괴하여 나타나며, 돌멩이는 우리가 보지 않을 때는 여기에 있는 상태와 저기에 있는 상태 두 가지로 동시에 존재하다가 우리가 보는 순간 여기인지 저기인지 결정되어 나타난다는 것이다.

이 얼마나 편리한 변명들인가. 도대체 우리가 보지 않고 있을 때 돌멩이가 여기에 있는 상태와 저기에 있는 상태의 중첩에 있다가 우리가 볼 때 여기에 짠 나타나는지, 아니면 그냥 처음부터 여기에 있다가 발견되었는지 어떻게 알겠는가? 모른다. 알 방법은 없다. 물리학자들은 '한 가지 사실을 설명하는 여러 가설이 있다면 가장 간단한 것이 답'이라는 믿음을 가지고 있다. 그런 믿음을 이 경우에 적용하면 돌멩이는 처음부터 여기에 있다가 여기에서 발견된 것이어야 옳다. 이런 단순한 상황에서는 어떤 것이 옳은지 구분할 수가 없지만, 중첩되어 있다가 한 상태로 결정되어 나타난다는 주장이 타당한 상황이 존재한다. 예를 들어 이중슬릿 실험에서 나타나는 간섭무늬가 그렇다.

토머스 영Thomas Young의 이중슬릿 실험은 벽에 세로로 길게 가는 구멍 두 개를 서로 가까이 뚫어놓고 여기에 빛을 쏘아

그림 1-6 전자로 하는 이중슬릿 실험. 전자를 당구공같이 생각하면 스크린에는 두 개의 슬릿을 통과한 전자들이 만드는 두 개의 띠만 나타나야 한다. 여러 개의 띠는 전자들이 파동의 간섭성을 보임을 입증한다.

준 후 벽의 반대편에 있는 스크린에 나타나는 무늬를 관찰하는 실험을 말한다(그림 1-6). 가는 구멍이 두 개면 당연히 스크린에는 두 개의 슬릿 모양 띠가 나타날 것 같지만 그것은 구멍의 크기가 매우 클 때 이야기고, 구멍이 가늘어지면 스크린에는 여러 개의 띠가 나타난다. 이 무늬는 두 개의 슬릿에서 나온 빛이 물결처럼 퍼지면서 양쪽 파동이 중첩되어 나타나는 간섭 현상으로 완벽하게 설명된다.

이 실험을 당구공 같은 입자로 한다면 어떻게 나타날까? 상식적으로 생각하기에는 이번에도 왼쪽 슬릿을 지나간 입자들이 만드는 자국과 오른쪽 슬릿을 지나간 입자들이 만드는 자국, 이렇게 두 개의 띠가 스크린에 나타날 것이 예상된다. 그런데 전자로 이중슬릿 실험을 해도 그림 1-6과 같이 파동의 간섭무늬와 완벽히 같은 무늬가 나타난다. 이 실험 결과만 놓고 볼 때 전자도 중첩이 된다고 가정하지 않고는 도저히 설명할 수가 없다. 그렇지만 실험 결과를 잘 설명했다고 해도 물체의 중첩을 어떻게 상상해야 할지 난감하기는 하다.

중첩되어 있다가 다른 상태들이 붕괴하고 한 가지 상태만 남을 때 어떤 상태가 남을지는 전혀 알 수 없다. 물체가 어떤 상태로 나타날지 '선택'을 하는 것이 아니며, 신조차도 측정 결과를 알 수 없다. 다만 중첩 상태가 만들어지는 과정에 따라 어떤 상태는 나타날 확률이 높고 어떤 상태는 나타날 확률이 낮다. 처음부터 중첩이 되어 있지 않은 상태는 물론 측정에 의한 변화가 없다. 예를 들어 일단 중첩된 물체를 측정하고 나면 더는 중첩이 없는 상태가 되므로 그 상태에서 다시 측정하면 100% 확률로 같은 상태가 나와야 한다. 우리가 똑같은 물체를 두 번 쳐다보면 두 번 다 같은 상태에 있다는, 지극히 상식적인 말이다.

존재와 인식

중첩과 측정의 가설이 제시하는 중요한 메시지는 바로 '측정하면 달라진다'는 점이다. 물론 처음부터 중첩이 되어 있지 않은 상태라면 달라질 것도 없으나, 일반적으로 양자 상태는 중첩이 되어 있으므로 일반적으로 측정하면 달라진다고 말할 수 있다. 측정했을 때 어느 상태가 나타나는지는 확률적으로 결정된다. 아인슈타인은 '확률적'이라는 말과 '측정하면 상태가 변한다'는 표현에 거부감이 커서 끝내 이 사실을 받아들이지 않았다. "신은 주사위놀음을 하지 않는다"라는 아인슈타인의 유명한 말은[7] 양자물리의 확률적인 해석에 대한 거부감의 표현이었다. 공감이 가지 않는가?

측정하면 달라진다는 표현은 더욱 문제가 컸다. 아인슈타인은 "인식하는 주체와 무관하게 외부 세계가 존재한다는 믿음은 모든 자연과학의 기본이다"라고 했다.[8] 자연은 나와 무관하게 존재할 때 연구할 가치가 있는 것이지 내가 관측할 때와 남이 관측할 때가 다르면 객관성이 확보되지 않아 연구의 대상도 될 수 없다. 지표면에서 공을 던졌는데 내가 볼 때는 포물선을 그리며 날아가고 다른 사람이 볼 때는 쌍곡선을 그리면서 날아간다면 도대체 자연 법칙이라는 것이 있기는 한지 의심할 수밖에 없다. 그런데 양자물리에서는 내가 측정할 때와 남이 측정할 때 다른 결과가 나올 수 있으며, 내가 혼자 측정해도 측정할 때마다 다른 결과가 나올 수 있다고 한다. 객관성이라고는 없어 보인다. 더구나 측정이란 것이 측정 후 달라진 상태를 보는 것이라면 원 상태를 확인하는 것이 아니지 않는가? 여러 가지 측정법 중에 비파괴검사라는 것이 있다. 무시무시한 표현과는 달리, 측정하려는 대상을 전혀 교란하지 않고 측정을 한다는 뜻이다. 예를 들어 관속의 유속을 측정할 때 유속계를 유체 속에 삽입하게 되는데, 그러면 당연히 원래의 흐름은 유속계의 교란을 받아 달라진다. 그래서 레이저를 사용하여 유속을 측정하는 방법이 개발되었다. 유체를 데울 만큼 강하지 않은 레이저를 사용할 수만 있다면 이때의 측정값은 그야말로 원래의 유속일 것이다. MRI나 CT도 비파괴검사의 일종이다. 우리 살을 '파괴하지' 않고 내부를 들여다볼 수 있게 하는 장치라는 점에서 그렇다. 우리는 자연을 관측하거나 관찰할 때 당연히 이런 비파괴검사를 기본 전제로 깔고 있는데, 양자물리에서는 그것이 불가능하다고 말하고 있다.

관측은 내가 할 수도 있고 친구가 할 수도 있으며 심지어 고양이도 눈이 있으니 관측할 수 있다. 고전 물리에서는 뉴턴 방정식만 풀면 모든 것을 알게 되는데, 양자물리에서 비슷한 역할을 하는 식이 슈뢰딩거 방정식이다. 아인슈타인은 슈뢰딩거 방정식을 만든 에르빈 슈뢰딩거 Erwin Schrödinger가 등장시

켜 유명해진 고양이˙를 빌려 이런 상황을 다음과 같이 빈정댔
다. "나는 고양이가 달을 쳐다봤다고 해서 달의 상태가 변한다
는 사실을 믿을 수 없다." 제정신인 사람이라면 당연한 주장이
겠으나, 아무리 이상하다 해도 양자물리의 기본 가설들은 실
험 결과를 설명하고 예측하는 데 틀림이 없어서 중첩과 측정
에 의한 붕괴도 받아들이지 않기 어렵다.

관찰자의 측정이 대상의 상태에 영향을 주어서 대상의 상
태가 달라지고, 달라진 상태만을 관측할 수 있으며, 따라서 인
식하는 주체와 무관한 외부 세계가 존재할 수 없다면, 이는 존
재와 인식의 문제와 연관된다. 양자물리는 우리 주변에서 관
측되는 존재들이 내 인식의 산물일 뿐이라는 주장을 지지하
는가? 우리가 저기에 호랑이가 있다고 인식할 때 일어나는 생
물물리적 과정은 이렇다. 호랑이에게서 반사된 빛이 내 눈으
로 들어와 망막세포를 자극하면 망막세포에 연결된 신경세포
가 신호를 뇌에 전달하고 뇌가 신호처리를 하여 '호랑이가 저
기에 있구나' 하고 인식하게 된다. 이 과정은 모두 속일 수 있
다. 실제로 호랑이가 없음에도 불구하고 호랑이가 있는 것처
럼 빛을 만들어 우리 눈을 자극하면 된다. 사진이나 스크린에

• 양자역학의 확률적 해석을 싫어한 에르빈 슈뢰딩거가 확률적 해석이 초래
하는 인지적 갈등을 적나라하게 제시하기 위해 고안한 사고실험.

비춘 동영상, 혹은 3차원적으로 좀 더 그럴듯하게 보이고 싶다면 홀로그램을 사용할 수도 있다. 눈을 감고 있어도 망막세포를 적절히 자극하면 뭔가를 보고 있다고 느끼게 되며, 망막세포가 작동하지 않는다면 신경세포를 직접 자극하여 보는 것같이 만들 수도 있다. 이런 식으로 시각장애인에게 시각을 제공하는 장치도 개발되고 있다. 영화 〈매트릭스〉에서처럼 우리가 외부를 감지하는 색성향미촉色聲香味觸 오감을 신경중추를 직접 자극하여 만드는 것이다.

어떤 물체를 인식했다는 시각적 신호가 와서 내가 그쪽으

그림 1-7 매트릭스의 세계는 인식의 산물이다.

로 움직이고 싶다면 뇌가 움직이라는 신호를 다리에 보낸다. 그런데 실제로 다리는 움직이지 않더라도 다리가 움직이는 느낌을 신호로 뇌에 보내고 눈에 보이는 장면이 앞으로 나아가는 영상을 만들어 뇌에 보내면, 실제로는 통 속에 누워 있는데도 내가 움직이고 있다는 느낌을 받을 것이다. 현재의 기술은 물론 완벽하지 않지만 이론상 이런 가상세계를 만드는 것은 가능하다. 매트릭스 세계에서의 존재란 완전히 인식의 산물일 뿐이다.

보어는 아인슈타인의 이야기를 듣고 이렇게 말했다고 한다. "아인슈타인 덕분에 우리는 시간과 공간이 절대적인 것이 아니며 관찰자에 대해 상대적이라는 사실을 알게 되었다. 양자이론은 이러한 사고방식에서 한 걸음 더 나아갔을 뿐인데, 아인슈타인은 왜 자기 아이디어의 자연스러운 확장을 받아들이기가 그렇게 힘이 드는가?"[9] 상대성이론에 따르면, 관찰자의 운동 상태에 따라 관찰되는 결과가 다르다. 보어 말의 요점은 양자물리도 상대론처럼 관찰자의 역할이 중요하다고 이야기할 뿐이라는 것이다. 그 말을 듣고 아인슈타인은 "훌륭한 농담도 반복하면 재미없다"라고 답했다고 한다.

중첩된 상태가 관측될 때 상태가 붕괴하는 것은 그렇다 치더라도, 그 과정을 고양이가 보고 있으면 물체가 변하고 그렇지 않으면 물체가 변하지 않는다는 주장은 아인슈타인 말마따나 받아들이기가 어렵다. 중첩된 상태를 관측하게 해준 광자가 고양이 눈에 들어갔는지 아닌지를 물체가 어떻게 알고 변할지 아닐지를 결정하겠는가? 중첩된 상태가 붕괴하는 과정은 관측자의 인식이나 의식과는 무관해야 자연스러울 것 같다. 그래서 중첩된 상태를 관측하게 해주는 광자가 물체에서 나오는 순간 중첩은 사라지며 그 광자가 고양이 눈이나 내 눈에 들어오든 벽에 부딪히든 상관없다고 해석하기도 한다. 물체가 광자를 통해 생물체의 눈이든 벽이든 아무것하고라도 상호작용을 하는 과정이 바로 측정의 의미라는 뜻이다. 이렇게 존재와 인식을 분리해야 과학자들은 마음이 편하다.

미래 결정론

우리의 미래는 결정된 것일까, 아니면 우리는 자유의지가 있는 것일까? 우리는 자유의지가 있다고 당연히 믿지만, 한편으로는 점을 보러 다니는 모순된 행동을 하기도 한다. 미래 결정론에 대해 물리학은 분명한 입장을 취하고 있다. 뉴턴의 방정식을 풀면 한 물체의 위치를 시간의 함수로 얻을 수 있다. 이 세상 모든 물체에 대해 뉴턴 방정식을 풀면 이론상 과거 공룡 시대의 모습도 알 수 있고 1000년 후의 우주 모습도 알 수 있다. 우리의 자유의지 같은 것은 뉴턴의 물리학에 끼어들 틈이 없다.

그런데 물체의 움직임을 알려주는 식이 있어도 우리는 세 개 이상의 물체에 대해서는 그 식을 풀지 못한다. 이는 미국드라마 제목으로도 나왔던 소위 '삼체문제three-body problem'라고 불리며, 세 물체의 움직임은 근사적으로 풀 수밖에 없다. 세 물체도 풀지 못하니 당연히 그 이상은 풀 수 없다. 수없이 많은 별로 이루어진 우주의 움직임은 물론, 수조 개의 세포와 그 세포를 이루는 수많은 원자로 이루어진 우리 몸의 움직임 역시

그림 1-8 미드 〈삼체〉. 원작 소설의 제목도 '삼체三體'이나, 미드의 원제는 '삼체문제'다.

2장 패러다임의 전환

풀 수 없다. 이런 사실은 모든 것이 신이 예정한 대로 조화롭게 굴러간다는 예정조화설*과 딱 맞아떨어졌다. 예정조화설에 따르면 이렇다. 만물은 신이 정한 법칙에 의해 굴러가므로 우리의 미래는 이미 결정되어 있고, 당연히 신은 미래를 알고 있다. 우리는 신의 법칙까지는 알지만, 그 법칙을 나타내는 식을 풀 수 없어 미래를 알 수는 없다. 우리에게 자유의지가 있다는 믿음은 착각이다.

그러면 뉴턴법칙은 완전무결한 법칙일까? 그렇지 않다는 것을 우리는 이미 안다. 뉴턴법칙은 양자물리와 상대성이론의 근사 법칙이다. 뉴턴법칙이 더 정교한 양자물리와 상대성이론에 의해 대치되었듯이 상대성이론과 양자물리도 언젠가 더 정확한 이론으로 대치될 수 있다. 이런 과정이 반복되며 과학이 발달하고 우리는 진리에 점차 가까워진다. 그러나 우리가 알아낸 사실이 절대 진리인지는 영원히 알 수 없다. 지금 가지고 있는 이론이 근사적이므로 그 이론이 예측하는 미래도 당연히 근사적이며 결정적이지 않다.

그렇다면 우리가 완벽한 법칙을 가지고 있고 모든 입자의 움직임에 대한 방정식을 풀 수 있다면 우리의 미래를 정확히 알 수 있을까? 여기에 태클을 거는 것이 카오스이론이다. 카오

* 고트프리트 빌헬름 라이프니츠가 제창. 물리학에 철학적 자극을 주었다.

스이론에서는 '브라질에 있는 나비 한 마리의 날개짓이 텍사스에 돌풍을 일으킬 수 있다'라는 표현을 쓰는데, 이는 날씨나 기후같이 초기 조건에 민감한 문제에서는 자그만 차이가 결과에 심각한 차이를 만들어낼 수 있다는 비유다. 뉴턴 방정식은 입자의 궤적에 관해 이야기해주지만 그 궤적은 입자가 어디서 시작하느냐에 따라 다르다. 우리가 돌을 던지면 그 돌은 포물선을 그리며 날아가는데, 바닥에서 던진 것과 계단 위에서 던진 것은 당연히 궤적이 다르며 세게 던졌느냐, 약하게 던졌느냐에 따라서도 당연히 달라진다. 즉 초기 조건에 따라 미래가 달라진다는 것이다. 카오스이론에 따르면, 기후 문제같이 매우 미세한 초기 조건 차이에 의해서도 결과가 심각하게 달라지는 때가 있으므로 무한히 정밀하게 초기 조건을 측정할 수 없는 우리로서는 결과적으로 미래를 알 수 없다. 이것은 기술적인 문제다. 우리의 기술이 발전하여 초기 조건을 더 정확히 측정할 수 있게 되면 미래 결정력은 점점 높아질 것이다. 현재 상황을 정확히 알면 알수록 태풍이 일어날지 아닐지, 일어난다면 언제 어디서 일어나게 될지 일정한 한계 내에서 더 정확히 예측하게 된다는 뜻이다.

그러나 아무리 우리의 측정기술이 발전해도 더는 어떻게 해볼 수가 없는 한계가 양자물리에 있다. 양자물리의 불확정성 원리uncertainty priciple는 우리가 위치와 운동량(질량에 속도를 곱

한 값) 둘 다를 동시에 정확히 알 수는 없다고 말한다. 불확정성 원리도 모든 물체가 파동의 성질을 지녔다는 사실에서 유래한다. 돌멩이를 던졌을 때의 궤적은 처음에 던진 위치와 속도에 따라 달라진다. 위치와 속도는 둘 다 우리가 물체의 미래를 알기 위해 반드시 알아야 하는 초기 조건들이다. 그런데 둘 중의 하나는 정확하게 알 수 있지만 둘 다를 정확하게 알 수 없으므로 결국 우리는 완벽한 법칙과 완벽한 측정기술을 가진 후에도 미래는 알 수 없다. 양자물리에서 말하는 불확정성 원리는 자연의 속성이며, 우리의 기술과는 무관하다.

불확정성 원리에 관해 이런 농담이 있다. 불확정성 원리를 발견한 베르너 하이젠베르크Werner Heisenberg가 운전을 하는데 경찰차가 따라와서 차를 세우더니 "당신 얼마나 빨리 달렸는지 아쇼?"라고 거칠게 물었다. 그랬더니 하이젠베르크가 "아니요, 모르겠는데요. 그렇지만 내가 어디에 있었는지는 정확히 압니다"라고 답했다고 한다.

양자물리이론 자체는 고전역학과 마찬가지로 결정론적이다. 고전역학의 뉴턴 방정식이 물체의 미래를 완전히 결정하듯이, 양자물리의 슈뢰딩거 방정식도 물체의 상태를 기술하는 파동의 미래를 완전히 결정한다. 다만 이 파동이 물체의 상태를 나타내는 확률을 줄 뿐이기 때문에 슈뢰딩거 방정식은 확률이 미래에 어떻게 변화하는지만을 결정해주며 미래에 그 물체를 측정했을 때 어떤 상태가 나올지는 전혀 말하지 않는다. 양자물리 자체는 결정론적인 이론이지만 자연 자체가 불확정성을 가지고 있어 미래가 불확실하다는 것이다.

결국 우리는 우리의 미래를 알 수 없을뿐더러 미래는 결정되어 있지도 않다. 양자물리의 불확정성 원리는 실험으로 증명되는 팩트이기 때문에 나중에 양자물리보다 더 훌륭한 물리 이론이 등장한다 해도 부분적으로 수정이 될지언정 전면 폐기되거나 교체될 일은 없다. 우리는 자연의 진실에 매우 가깝게 와 있다.

얽힘과 국소성

양자물리가 우리의 사고에 영향을 미치는 세 번째 주제는 얽힘entanglement과 국소성locality이다. 양자 세상의 속성 중에서 가장 이해하기 힘든 속성이 얽힘이다. 얽힘은 물체 여럿이 중첩 상태에 있을 때 일어나는 현상이다. 물체 한 개의 중첩도 이해하기 어려웠는데 여러 물체의 중첩이라니, 이제 슬슬 이 책을 덮고 싶어진다. 그럴까 봐 얽힘에 관한 과학적 논의는 부록으로 뺐다. 얽힘을 몰라도 책의 나머지를 읽는 데는 불편함이 없을 것이다. 그러나 얽힘이 책의 나머지 내용과 관련이 없다는 뜻은 아니다. 이 책의 나머지를 차지하고 있는 양자기술의 근간이 되는 속성이 얽힘이다. 다만 이 책에서는 양자기술의 원리에 관해 설명하지 않을 것이라서 얽힘에 관한 이야기가 다시 등장하지 않는다.

양자 세계의 동전이 앞면이 위를 향한 상태와 뒷면이 위를 향한 상태의 중첩에 있다고 하자. 앞서 배운 내용을 복습하자면 이 동전의 상태를 측정했을 때 앞면이 측정될 수도 있고 뒷면이 측정될 수도 있다. 이제 동전이 하나 더 있는데 이 동전도 역시 같은 상태에 있다고 하자(그림 1-9). 그런데 두 동전이 모두 앞면일 수도 있고, 모두 뒷면일 수도 있는 중첩 상태에는 두 가지 방식이 있다. 하나는 두 동전이 각자 따로 중첩된 경우고, 다른 하나는 두 동전이 얽혀 있는 경우다. 예를 들어, (앞-앞) 상태와 (뒤-뒤) 상태가 동시에 존재하는 중첩이 바로 얽힌 경우에 해당한다.

두 물체가 얽혀 있을 때 나타나는 가장 큰 특징은 한 물체의 측정이 순간적으로 다른 물체의 상태에 영향을 준다는 것이다. (앞-앞) 상태와 (뒤-뒤) 상태가 중첩된 상태에서 첫 번째 동전의 상태를 측정해서 앞이 나오면 뒤 상태는 붕괴돼 없어지므로 (뒤-뒤) 상태가 사라지고 (앞-앞) 상태만 남는다. 즉 첫 번째 동전의 상태를 측정하여 앞이 나오면 두 번째 동전의 상태도 앞으로 결정된다. 첫 번째 동전의 상태를 측정하

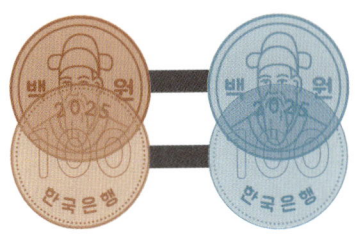

그림 1-9 빨간 동전과 파란 동전이 모두 앞인 상태와 모두 뒤인 상태의 중첩. 얽힌 상태는 우리 세상의 그림으로는 나타낼 수 없는 것을 억지로 그린 것이므로 액면 그대로 믿지 말고 참고만 해야 한다.

여 중첩이 없어지는 순간 두 번째 동전의 중첩도 같이 사라지며 첫 번째 동전의 상태를 측정해서 아는 순간 두 번째 동전의 상태도 알게 되는 것이다.

 이 논의에서 두 물체 사이의 거리는 나오지 않는다. 두 물체를 일단 얽힌 상태로 만들면 그 상태를 유지한 채로 서로 멀리 떨어뜨려 놓을 수 있다. 얽힌 상태의 측정에서 나타나는 현상은 물체 사이의 거리와 무관하다. 아무리 멀리 떨어진 두 물체라고 하더라도 한 물체의 측정은 순간적으로 다른 물체의 상태를 변화시킨다. 우주가 처음 대폭발을 일으켰을 때 두 개의 입자가 얽힌 상태로 태어났으며 지금 하나는 우주의 끝에, 그리고 다른 하나는 반대편 끝에 가 있다고 하자. 그러면 한 개 입자의 측정이 즉시 우주 반대편에 있는 입자의 상태도 변화시키며, 한 개만 측정해도 나머지 입자의 상태도 즉시 알게 된다. 한 사건의 영향이 순간적으로 다른 곳에 영향을 주는 이런 상황을 물리학에서는 자연이 '비국소적이다'라고 표현한다.

상대론에 따르면 정보가 빛보다 빨리 전파될 수는 없다. 우주 안에서 두 사건 A와 B가 일어날 때, A 사건이 일어나고 나서 B 사건이 일어날 때까지의 시간 동안 빛이 A 사건의 지점에서 B 사건의 지점까지 도달할 수 있으면, A 사건에 대한 소식이 B 사건에 영향을 미칠 수 있으므로 두 사건이 연관성이 있을 수 있다. 인과가 있는 두 사건은 반드시 빛이 두 장소 사이를 이동하는 시간보다 긴 시차가 있어야 한다는 것이 자연이 국소적이라는 말의 정확한 의미다.

뉴턴이 중력을 처음 발견했을 때 무슨 이유에선지 중력은 순간적으로 전 우주에 퍼져나간다고 생각했다. 즉 자연을 비국소적이라고 본 것이다. 그런데 상대성이론이 나오고 보니 중력도 빛보다 빨리 전파될 수 없음을 알게 되었다. 태양은 우리 지구에서 빛으로 8분이 걸리는 거리에 떨어져 있다. 태양빛이 변하면 지구의 햇빛이 변화하는 시간도 8분이지만, 태양의 질량이 갑자기 변한다면 태양과 지구 사이의 인력이 달라지는 시점도 8분 후라는 뜻이다. 만일 태양이 어느 순간 사라진다면, 지구가 깜깜해지기 시작하는 시각과 지구가 태양계에서 벗어나 먼 우주의 미아가 되기 시작하는 시각이 같다. 이렇게 해서 뉴턴 시대에 비국소적이라고 생각했던 자연계는 아인슈타인이 나오면서 국소적임이 밝혀졌다.

그런데 이제 양자물리가 나오자 다시 비국소성이 나타난 것이다. 당연히 상대론과의 충돌이 예상되었다. 상대론에 따르면 첫 번째 물체가 측정되었다는 정보가 순간적으로 두 번째 물체에 전달될 수 없는데, 첫 번째 입자가 측정되었는지 어떻게 알고 두 번째 입자의 상태가 변화하겠냐는 것이다. 아인슈타인은 이런 얽힌 물체의 측정에서 나타나는 순간적 영향을 '유령 같은 원거리 작용'이라고 부르며 평생 받아들이기를 거부했다.

중첩된 상태의 한 입자를 측정하면 그 측정 결과가 즉시 다른 입자에 '전달되어' 그 입자의 상태를 변화시키지만, 첫 번째 입자의 측정에서 어떤 결과가 나올지 우리가 선택할 수 없으므로 이런 얽힘 현상을 이용해서 우리가 원하는 정보를 보낼 수는 없다. 즉 정보의 의미를 우리에게 의미 있는 내용이라고 한정하면 얽힘을 이용한 순간적 정보 교환은 일어날 수 없다. 이렇게 해서 당장 전운이 일 것 같았던 상대론과 양자론은 우선 아쉬운 대로 타협을 하고 국소성의 문제는 묻어두기로 했다.

얽힌 상태의 측정과 자연의 비국소성은 상대론과는 그럭저럭 화해했지만, 여전히 우리의 이성에 반하는 여러 가지 이상한 현상을 일으킨다. 이 이상한 현상들은 과학자라면 누구나 탐구해보고 싶은 주제지만, 이해하기가 가장 어려웠던 데다가 과학자들은 양자물리를 적용해 문명을 퀀텀 점프시키기만도 바빴다. 양자물리의 아버지 보어는 "쓸데없는 생각 하지 말고 계산이나 열심히 해라"라고 충고했고 대부분의 물리학자는 그 충고를 충실히 따랐다.[10]

사실 이 말은 물리학자 데이비드 머민 David Mermin 이 했는데 좀 더 극적인 상황을 연출하기 위해 보어가 한 것으로 회자된다. 그러나 과학자들이 얽힘과 비국소성에 대해 탐구하지 않은 것은 보어의 강압 때문이 아니다. 과학자들에게 주는 연구비는 우리를 잘살게 해달라는 의미로 국민이 내는 세금으로 지급한다. 그러므로 연구비를 분배하는 기관에서는 과학자들의 단순한 호기심을 충족하는 과제인지가 아니라, 인류 복지와 국가 전략에 도움이 되는 과제인지를 심사한다. 양자물리를 이용하여 원자폭탄을 만들고 전자공학을 발전시키는 과제에 연구비가 잘 나올 수밖에 없었다. 양자물리의 철학에 대해 고민하는 학자는 직장도 구할 수 없었고 간신히 직장을 구해도 연구비를 딸 수 없었다.

이런 충고를 듣지 않고 철학적인 문제를 열심히 파고든 과학자 중에 존 스튜어트 벨 John Stewart Bell 이 있다. 그는 자연이 비국소적인지 아닌지, 저 높은 곳에서 이루어지고 있던 형이상학적인 논쟁을 이 세상으로 끌고 내려와 실험실에서 테스트할 수 있는 식의 형태로 만든 사람이다. 그가 만든 벨 부등식Bell's inequality은 자연계가 국소적이라면 만족해야 할 식이었는데, 알랭 아스페Alain Aspect가 그 부등식이 만족되지 않음을 실험으로 증명하여 자연이 비국소적이라는 사실을 확인했다.

벨 부등식의 증명은 양자기술의 탄생에 핵심 역할을 했다. 일단 비국소성이 확인되자 얽힘이 만들어내는 두 물체 간 순간적인 영향은 양자 상태의 순간이동, 슈퍼컴퓨터보다 빠른 양자컴퓨터, 도청이 근원적으로 불가능한 양자통신 등의 양자기술을 만들어낸다. 이 중에서 얽힘의 비국소성이 가장 직접적으로 와닿는 기술은 순간이동기술이다. 양자순간이동기술은 물체에 대한 정보를 순간 이동시킨다. 나를 이루는 수소, 탄소, 질소, 산소는 다른 별에도 있으므로 나를 구성하는 입자들의 정보를 먼 별에 보내고 그 정보에 따라 원소들을 조립하면 그 별에 나와 똑같은 물체를 만들 수 있다. 짐작할 수 있다시피 여기서 입자들의 정보를 순간적으로 보내는 과정에 얽힘이 사용된다.

이 책을 정독한 독자라면 이 시점에서 의문이 들어야 정상이다. 앞에서 상대론에 따르면 정보조차도 빛보다 빠르게 전달될 수는 없으며 양자물리도 이에 위배되지 않는다고 해놓고 이제 와서 정보를 순간적으로 보낸다니 무슨 소리냐고. 양자순간이동기술에서는 얽힌 상태를 측정하여 멀리 떨어진 별에서 결과를 얻는 것은 순간이지만, 그 결과를 이용해 정보를 교환하는 나머지 과정이 오래 걸려서 전체적으로 상대론을 위배하는 정보 교환이 일어나지는 않는다.

물체의 얽힘은 두 물체가 상호작용할 때 생긴다. 여기서 상호작용은 물체들이 자연계의 네 가지 기본 힘인 중력, 전자기력, 강한 핵력, 약한 핵력을 통해 서로에게 영향을 미치고 있다는 뜻이다. 이 힘들은 전파되는 거리에 따라 줄어들기는 하지만 이론상 무한히 먼 거리까지 작용할 수 있으므로 우주 안 모든 물체는 작게라도 서로 얽혀 있다. 또한 빅뱅이론에 따르면 우리 우주는 138억 년 전 한 점에서 시작하여 퍼져나갔다고 하므로 우주 안의 모든 물체는 얽힌 상태에서 시작했다고 할 수 있다. 어느 한 곳에서 측정이 일어나면 그 물체의 상태는 변화하고 우주 안의 나머지 모든 물체에 순간적으로 영향을 미친다. 우주 안 삼라만상은 정도의 차이가 있을 뿐 이런 식으로 모두 얽혀 있으며 완전히 독립적인 것은 없다.

자연의 비국소성은 우리에게 여러 가지를 생각하게 한다. 앞으로 얽힘과 비국소성은 우리의 사상과 문화에 영향을 미칠 것이다. 물리학자가 아닌 일반 사람들은 여태까지 이런 개념들에 대해 알 기회가 적었지만, 얽힘의 비국소성이 양자기술을 태동시켜 이제 이런 개념들이 널리 알려졌기 때문이다. 얽힘이 우리의 사상에 미칠 영향도 영향이지만 양자기술은 우리 문명에 또 한 번의 퀀텀 점프를 예고하고 있다.

    용감했던 아스페는 2022년 노벨 물리학상을 받았다. 얽힘을 이용한 양자기술이 이제 세상을 크게 변화시킬 것이라는 인식이 전문가들 사이에 정착되었기 때문이다. 벨은 이미 고인이 되어 아스페와 같이 노벨상을 받을 수 없었다. 이 책의 부록을 읽으면 벨 테스트Bell test를 이해할 수 있다. 이 책 같은 교양 과학 서적을 읽는 독자 중에서 2022년도의 노벨 물리학상 수상 사유를 이해하고 있는 분은 극소수일 것이라 생각한다. 그해의 노벨 물리학상은 양자기술의 핵심 원리가 주제여서 내용이 특히 어려웠다. 이번 기회에 이해할 수 있다면 멋진 일 아닌가?

양자물리가 태어나고 약 30년이 지나 이론이 완성되자 인류는 '신의 지식'을 갖게 되었고 문명에는 퀀텀 점프가 일어났다. 원래 신이 우리에게 엿보도록 허락하지 않은 세상의 운행 규칙을 담장 밖에서 소문만 듣고 알아낸 것이다. 인간은 신의 지식을 이용하여, 신이 인간 세상에 풀어놓을 의도가 없었던 레이저, 트랜지스터, 원자폭탄 등을 발명했다.

그러나 인간이 문명에 퀀텀 점프를 일으킬 정도로 양자물리를 철저하게 이용했음에도 불구하고 사용되지 않고 남아 있던 양자 세계 비장의 무기가 있었으니 바로 얽힘이다. 얽힘은 양자 세계의 속성 중에서도 가장 '양자스러운' 것이어서 이 속성을 이용한 양자기술은 또 한 번 세상을 완전히 바꾸어놓을 것으로 예상된다. 양자기술이 태어난 지 30여 년이 지난 지금 우리는 인류 문명의 두 번째 퀀텀 점프를 목격할 시점에 와있다. 문명의 두 번째 퀀텀 점프는 우리의 미래를 어떻게 바꾸게 될 것인가.

2부

문명의 두 번째
퀀텀 점프

미래

3장
양자기술의 대표 분야

양자기술의 태동

 교수를 하려면 물리학과 교수를 하는 것이 좋다. 대개 퇴출당해야 하는 교수의 전형으로 20년 전에 만든 강의 노트를 그대로 사용하는 교수가 꼽히는데, 물리학과 교수는 그래도 별 상관없다. 심지어 학교 다닐 때 배운 걸 교수가 되어서 그대로 가르쳐도 된다. 물리학은 역사가 오래된 학문이기 때문이다. 물리학과에 들어와서 처음 배우는 뉴턴의 역학은 350여 년 전에 제시되었다. 전자기학이나 열역학도 정립된 지 150년이 넘었으며 현대 물리라고 하는 양자물리와 상대론도 탄생한 지 100년이 넘었다. 물리학과에 들어오면 이렇게 100년이 넘은 학문을 2년간 배운다. 물리학과 4학년이 되어서야 비로소 몇십 년 전 학문을 배우게 된다.

생물학이나 전산학은 변화가 워낙 빨라 3년 전 교과서는 이미 쓸모가 없어져 폐기된다고 한다. 물리학과에서는 내가 대학교 때 배운 40년 전 양자물리 교과서를 지금도 쓰고 있다. 그 양자 교과서는 1970년대에 처음 나왔으니까 양자역학이 정립된 지 50년이 지난 시점에서 나온 것이다. 그동안 많은 양자물리 교과서가 나왔으며 50년이나 검증했으니 이제 더 검증할 것이 남아 있지 않다. 그러니 같은 교과서를 40년째 쓴다는 게 이상할 것도 없다.

아주 예외적인 경우가 가끔 있기는 하다. 얽힘이 그 예외적인 경우에 속한다. 내가 양자물리를 처음 배울 때에는 교과서에 '얽힘'이라는 단어가 없었다. 물론 그 교과서만 그런 것이 아니고 그 당시의 모든 양자물리 교과서에 그 단어가 등장하지 않았다. 그러다가 양자기술이 등장하고 나서야 비로소 개정판에 이 단어가 들어가고 물리적 의미가 추가되었다. 양자물리 교과서는 수식으로 가득 차 있다. 학생들이 양자 세계의 철학적 논쟁에 시간을 보내기보다는 양자물리의 예측 능력을 제대로 배워 활용하는 것이 중요하다는 주류 물리학계의 시각이 반영된 것이다.

얽힘은 거시적인 크기의 물체에서는 잘 나타나지 않는다.

그래서 원자 크기의 세상을 다룰 수 있게 되어서야 비로소 응용의 가능성이 열렸다. 그동안 나노기술은 크게 발전했다. 원자를 직접 볼 수 있는 원자주사현미경 scanning tunneling microscopy (STM)이 발명되었고 전자 한 개의 전하를 측정할 수 있는 단전자트랜지스터 single electron transistor(SET)도 발명되었으며 이제는 단 한 개의 광자를 측정할 수 있는 단광자측정기 single photon detector(SPD)까지 개발되었다. 입자의 스핀은 전하보다 외부와의 상호작용이 1000분의 1 수준으로 작아 측정하기도 1000배 이상 어렵다. 그리고 핵스핀은 전자스핀보다 또 1000분의 1 정도 더 작다. 그런데 이런 핵스핀 하나를 측정하는 기술도 인류는 발명해냈다. 이런 정교한 측정기술의 발전으로 거꾸로 이제는 거시적 물체에서 일어나는 미약한 얽힘 신호도 측정할

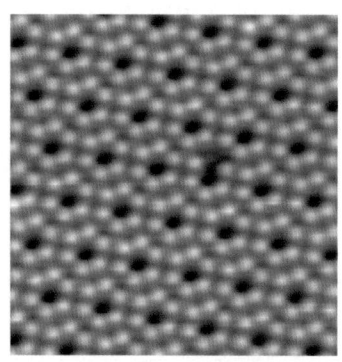

그림 2-1 STM으로 찍은 실리콘 원자들.

수 있게 되었다.

양자물리에 의한 문명의 첫 번째 퀀텀 점프에서는, 양자 세계에 대한 이해를 바탕으로 이제까지 우리가 본 적이 없는 새로운 성질을 갖춘 물체를 만들었다. 트랜지스터나 레이저 장치 같은 물체들은 작게 만들어도 원자들이 수억 개 또는 수조 개 모여 이루어진다. 즉 '미시 세계의 규칙'을 이용하여 거시적인 크기에서 우리가 원하는 성질을 가진 물체를 만든 것이다.

두 번째 퀀텀 점프에서는 양자 세계의 물체를 우리가 원하는 대로 조작한다. 우리 인간은 이제 원자나 전자 하나하나를 관측할 수 있을 뿐 아니라 원자를 하나씩 조작하여 원하는 분자를 만들기도 하고 고체 덩어리를 만들 수도 있으며, 원자 하나를 비트로 사용하여 계산하거나 정보를 저장할 수도 있다. 원자로 글씨를 쓰기도 하고 원하는 원자들을 한 장소에 모아 상호작용하게 했다가 헤어지게 만들기도 하는 등 마음대로 가지고 놀 수 있다. 2020년대의 인간은 과연 신의 능력을 갖추었다.

처음 양자기술이 나왔을 때 대표적인 기술들은 양자컴퓨터와 양자통신, 그리고 순간이동이었다. 양자컴퓨터의 개념은 1982년 리처드 파인먼 Richard Feynman이 처음 제시했고, 찰스 베넷 Charles Bennett은 1984년에 양자암호통신을, 그리고 10년 후에는 양자순간이동을 발표했다. 순간이동기술은 가장 재미있기는 하지만 그 자체만으로 실용성이 없고, 대신 양자컴퓨터와 양자통신에서 활발히 응용되고 있다.

양자 상태를 더 깊이 이해하면서 기존에 몰랐던 물체의 속성을 더 잘 파악하고, 양자 상태를 정밀하게 조작할 수 있게 되었다. 이에 따라 물체의 속성을 더 효과적으로 응용할 수 있게 되었다. 새로운 측정 방법들이 발명되었고, 이를 바탕으로 양자센서 분야가 두각을 나타내고 있다. 그래서 이제 양자기술은 크게 양자컴퓨터와 양자통신, 그리고 양자센서, 이렇게 세 분야로 나뉜다.

양자센서

센서의 종류는 가스센서, 열센서 등 무수히 많은 종류가 있겠지만 양자센서로는 주로 시간, 자기장/전기장, 광학, 중력 센서가 개발되고 있다. 양자센서는 원자, 이온, 핵, 초전도체, 광 등에 새로 등장한 기술을 적용해 개발된다. 활용되는 물리계가 다양하고, 적용되는 신기술도 다양해 이 책에서 제대로 다 소개하기는 어렵기 때문에 간단한 예 몇 가지만 들까 한다.

시간을 더 정확히 측정할 수 있게 되면 여러 가지로 쓸모가 많다. 전 세계 주식 시장이 열리는 시간을 좀 더 정확히 알면 남보다 먼저 거래해서 이득을 볼 수 있다. 또한 위치는 시간과 밀접한 관계가 있다. 시계로 위치를 측정하는 기법은 배로 세계를 돌아다니던 항해의 시대부터 사용되었다. 지구를 15° 돌아가면 태양이 머리 위에 오는 시간이 1시간씩 차이가 난다. 그리니치 표준시에 맞춘 시계를 가지고 항해를 하다가 지금 내가 있는 곳에서 정오가 되었을 때 시계가 오후 3시를 가리키고 있다면 나는 지금 그리니치에서 $45°(=15 \times 3)$만큼 경도가 돌아간 위치에 있는 것이다.

지구 둘레가 4만 km나 되므로 $1°$만 틀려도 100km 정도 오차가 생긴다. 이는 240초, 즉 4분의 오차에 해당한다. 스프링을 사용한 잘 만든 기계식 시계는 지상에서는 정밀하게 돌아간다 해도 배에 태우면 배의 움직임에 따라 오차가 생기곤 했다. 그래서 1700년대 초 영국 정부에서는 $0.5°$ 이내로 정밀하게 경도를 측정할 수 있는 시계를 발명하는 데 상금까지 걸었다.

현대에는 위치 측정을 GPS로 하는데, 여기서도 시간을 쓴다. GPS는 세 개의 인공위성이 자신의 위치와 시각時刻 정보를 지상의 수신기로 보내고, 그 신호를 받는 곳에서의 시각과 각 인공위성이 보낸 시각의 차이에 빛 속도를 곱해 거리를 계산한다. 세 개의 인공위성 위치와의 거리를 알게 되므로 자신의 위치를 구할 수 있다. 이런 방식에서는 인공위성의 위치와 시간 정밀도가 신호를 받는 위치의 정밀도를 결정한다. 인공위성의 시간은 일반상대성이론까지 적용하여 정밀하게 바로잡는다. 시계의 정밀도가 높아지면 위치의 정밀도도 같이 높아진다. 시간센서로는 세슘 원자에서 나오는 빛처럼 주파수가 명확한 빛을 쓴다.

양자중력센서는 기존의 중력센서보다 훨씬 더 정밀하게 중력을 측정할 수 있다. 최근에 제안되고 있는 중력센서는 중력의 100억분의 1까지도 구분할 수 있다고 하는데, 이런 민감한 센서로 여러 가지 새로운 일을 할 수 있다. 지하광물을 탐사하거나 땅굴을 찾는 데 쓸 수 있으며, 무엇보다도 GPS에 의존하지 않는 항법장치의 개발에 사용할 수 있다. 휴대전화에도 내장된 GPS 수신장치는 내비게이션 기능을 비롯해 우리 사회에서 이미 광범위하게 사용되고 있으나, 수중이나 건물 안, 광산 등에서 사용할 수 없는 한계가 있다. 그리고 무엇보다 전쟁이라도 나면 평소에 자유롭게 사용하던 적국의 GPS 위성 신호를 마음대로 사용할 수 없게 되는 것이 큰 문제다. 우리나라야 우방국인 미국의 위성 신호를 못 쓰게 될 일이 없겠지만, 반대쪽에 있는 나라들은 언제든 이 문제에 대비하고 있어야 할 것이다. 이때 사용할 수 있는 것이 중력센서다. 지구의 중력을 측정한 중력 지도와 민감한 중력센서만 있으면

GPS 없이도 언제든지 내 위치를 알 수 있다.

　잠수함은 가끔 물 위로 떠오르곤 한다. 나는 그 이유가 잠수함에 산소를 공급하기 위해서인 줄 알았는데, 그건 옛날이야기고 지금은 정확한 위치를 알기 위해 GPS 신호를 잡으러 나온다고 한다. 작전 중이어서 물 위로 떠오를 수 없는 잠수함은 관성항법장치라는 것을 쓴다. 관성항법장치는 물체의 가속도를 측정하는 장치로서 가속도를 적분하면 속도가 나오고, 이를 또 적분하면 위치를 알 수 있다. 문제는 적분을 반복하는 과정에서 오차가 누적된다는 것이다. 이럴 때 중력센서를 이용한 항법장치가 유용하다. 2025년부터 시작한 우리나라 양자과학기술 플래그십 프로젝트는 양자컴퓨터, 양자통신, 양자센서, 세 분야의 개발을 모두 포함하고 있는데, GPS에 의존하지 않는 항법 시스템의 개발은 양자센서 분야의 간판사업이다.

　양자 자기장센서가 개발되면 기존의 센서보다 더 민감하게 자기장을 측정할 수 있다. 자기장센서도 물론 여러 곳에서 사용될 수 있는데, 잠수함이 적 잠수함을 수중에서 찾는 데 특히 유용하다고 한다. 보통 잠수함은 '소나(SONAR)'라고 불리는 수중음향탐지기로 초음파를 쏴서 반향을 일으켜 되돌아오는 소리로 근처의 물체를 식별한다. 문제는 소나를 쓰면 나도 적 잠수함에 발각될 수 있다는 것인데, 이럴 때 소리가 나지 않는 자기장센서야말로 적격이다. 자기장센서는 또 수중에서 자신의 위치를 찾는 데도 사용된다. 미국 해양대기청은 지자기 지도와 양자 자기장센서를 이용하여 GPS 대체 항법 시스템을 개발하고 있다.

GPS를 대체하는 항법장치나 적 잠수함 탐지에 사용하는 자기장센서의 경우처럼 양자센서는 국방에 각별히 유용하다. 두 개의 얽힌 광자쌍을 이용하는 양자 레이더는 스텔스기를 잡아낸다. 안 그래도 인공지능과 로봇 때문에 미래 전장의 모습은 완전히 바뀌게 될 텐데, 여기에 양자센서가 합류하면 미래의 전투는 과연 어떤 양상으로 전개될지 상상하기가 쉽지 않다. 양자센서의 또 다른 응용 분야는 의료다. 예를 들어 양자 자기장센서는 MRI의 영상 해상도를 한 단계 높일 수 있다.

시간, 전자기장, 광, 중력 양자센서에 두루 적용되고 있는 물리계로서 다이아몬드 NV 센터라는 것이 있다. 이 센서의 원리를 간단한 예를 통해서 설명해보고자 한다. 센서란 물리화학적 반응을 이용해 외부 자극을 감지하는 소자다. 단순하게 자극이 있는지 없는지 정도만 감지하는 소자도 있겠고 자극의 크기를 정량적으로 측정하는 소자도 있다. 자극을 측정하는 방식은 매우 다양하다.

예를 들어 체중계는 질량을 측정하는 장비인데, 사실 물체의 질량이 중력에 비례한다는 사실을 이용하여 그 물체에 작용하는 중력, 즉 무게를 측정한다. 가장 간단하게 무게를 측정하는 방식으로는 스프링을 사용하는 저울이 있다. 스프링은 외부에서 가해지는 압력에 비례해서 그 길이가 줄거나 늘어나기 때문에 변화한 길이를 재보면 무게가 나온다. 스프링의 길이가 변함에 따라 원판 위에서 바늘이 돌아가게 장치를 꾸며 무게를 읽을 수 있게 해주는 것이 기계식 체중계다.

이렇게 기계적인 움직임이 있는 장치는 오래 사용하면 스프링에 피로가 누적되어 점점 부정확해지며, 정밀한 측정을 위해서는 사용에도 주의가 필요하다. 그래서 요즘은 센서에 물리적인 변화가 없는 장치들을 많이 사용한다. 자석은 자연적으로 N극과 S극을 가지는 소위 강자성체強磁性體다. 이와 비슷하게 자연적으로 양극과 음극을 가지는 물체가 있는데, '강유전체強誘電體'라고 불린다. 즉 배터리처럼 두 극이 있어서 전압이 측정되는데, 배터리와 달리 전기가 흐르지는 않는다. 강유전성이 강하다고 대표적으로 알려진 물질로 PZT라는 물질이 있다. PZT는 납(Pb)과 지르코늄(Zr), 그리고 타이타늄(Ti)의 원소 기호에서 첫 글자를 딴 이름으로서 이 세 물질이 산소와 함께 섞여 결정을 이루고 있다(그림 2-2). 타이타늄이나 지르코늄이 양전하를 띠고 있고, 산소와 납 원자들 모두가 합해서 이 양이온의 전하를 상쇄하는 크기의 음전하를 띠고 있어, 전기적으로 중성이다. 그런데 타이타늄이나 지르코늄 원자들은 결정의 중심에서 벗어나 있어서 결과적으로 결정의 위쪽에는 양극, 아래쪽에는 음극이 형성되는 분극이 발생한다.

이런 결정에 외부에서 전기장을 걸면 양전하들은 전기장의 방향으로, 음전하들은 그 반대 방향으로 힘을 받는다. 즉 분극의 방향이 전기장과 나란해지는 방향으로 돌아가고 크기도 커지려 한다. 이러한 전하들의 움직임은 이온들의 위치 변화로 일어나고, 이는 결정의 변형으로 나타날 수밖에 없다. 반대로 결정에 힘을 가해 변형을 일으키면 분극이 달라진다. 즉 전압의 크기나 전압이 형성되는 방향이 달라진다. 이렇게 압력에 따라 전압이 달라지는 물질을 '압전체'라고 부르며, 이를 바로 체중계로 사용할 수 있다.

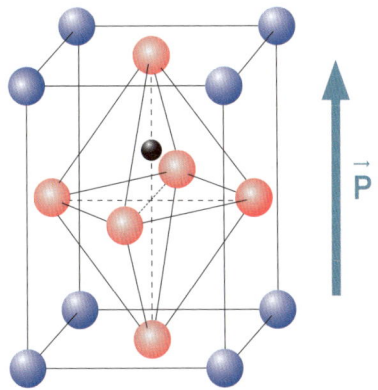

그림 2-2 강유전체 PZT의 결정 구조. 파란 공은 산소, 빨간 공은 납, 까만 공은 지르코늄이나 타이타늄 이온이다. 화살표는 위쪽 방향으로 분극이 형성되어 있음을 나타낸다. 즉, 음전하가 아래쪽, 양전하가 위쪽에 위치함을 뜻한다.

이런 압전체의 메커니즘을 이해하기 위해서는 먼저 결정 구조를 알아야 하는데 결정 구조는 엑스레이로 알아낸다. 결정 구조를 알아낸 다음에는 왜 이 물질이 이런 구조를 가질 수밖에 없는지 양자물리를 적용하여 계산한다. 한마디로 지금 쓰이고 있는 센서들도 많은 경우에 양자물리에 의해서 발명되거나 개선된 소자들을 쓰고 있었다는 이야기다.

그 전의 센서들도 양자물리에 기반을 둔 것이라면 새로 나오는 양자센서는 뭐가 다를까? 양자기술의 가장 큰 특징은 우리가 그동안 양자물리에서 사용하지 않고 있던 속성, 즉 얽힘이 사용된다는 것이다. 그런데 양자센서란 얽힘 현상을 이용한 센서뿐만 아니라, 일반적으로 꼭 얽힘이 사용되지 않더라도 새로운 원리에 따라 작동하여 기존의 해상도를 뛰어넘는 센서를 말한다.

다이아몬드에 생긴 결함이 새로운 양자센서의 한 예다. 다이아몬드는 탄소 원자로 이루어져 있는데, 실제로는 다양한 불순물이 들어가며 결점이 섞여 있다. 장사꾼들이 광고하는 '순수함을 영원히 간직한다'는 다이아몬드는 색이 없고, 색이 있는 다이아몬드는 모두 불순물이나 결함 때문에 생긴다. 원소 번호가 6번인 탄소를 치환해서 잘 들어가는 불순물이 원소 번호 7번인 질소다. 탄소 자리에 질소가 들어가고 옆자리가 비게 되면 매우 안정된 상태를 이루는데, 이런 결함을 질소

Nitrogen의 N과 빈자리vacancy가 함께 만드는 자리라 하여 다이아몬드의 'NV 센터'라고 부른다(그림 2-3).

다이아몬드 결정에 외압이 가해지면 결정 구조가 약간 변형되고 NV 센터에 있는 전자의 에너지 레벨도 변화하는데, 이 변화는 우리가 다루기 좋은 빛 주파수의 변화로 매우 정밀하게 측정된다. 인간이 측정할 수 있는 물리량 중에서 가장 정밀하게 측정할 수 있는 것이 주파수다. 요즘은 원자에서 나오는 빛이 몇 번 진동했느냐로 1초라는 시간을 정의하고 있으며 거리 기준도 이를 이용하여 빛이 $\frac{1}{299{,}792{,}458}$초 동안 이동한 거리로 1m를 정의한다. NV 센터를 사용한 센서들이 정밀도가 높은 것은 바로 이 주파수를 측정하여 원하는 값으로 환산하기 때문이다.

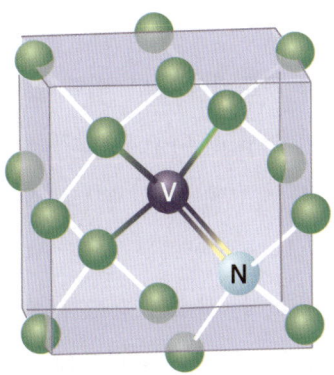

그림 2-3 다이아몬드 NV 센터.

알다시피 다이아몬드는 가장 단단한 물질이다. 즉 고압에도 잘 견디므로 압력을 매우 정밀하게 측정할 수 있을 뿐 아니라 압력을 잴 수 있는 범위도 넓다. 다이아몬드 NV 센터의 전자 상태는 압력뿐 아니라, 가속도나 자기장, 혹은 전기장에도 민감하게 변화하기 때문에 여러 가지 센서로 두루 개발되고 있다.

양자통신

비밀 내용을 교신하려면 내용을 암호화해서 주고받아야 하는데, 교신 자체가 도청되지 않도록 할 수 있다면 더 좋은 일이다. 갑돌이와 을순이가 통신을 하는 상황을 생각해보자. 여기에 도청자가 개입한다면 도청자는 갑돌이가 을순이에게 보내는 신호 일부를 가로채야 한다. 이때 신호를 너무 조금 가로채면 감청을 하기 어렵고, 너무 많이 가로채면 을순이가 "감이 좋지 않다. 오바" 하고 눈치를 채므로 적당히 잘 가로채야 한다. 감이 좋다거나 감 잡았다는 말은 군대에서 지직거리는 무선기로 통신하던 시절, 신호의 감도가 좋다거나 감도가 충분한 신호를 잡았다는 뜻으로 쓴 말인데, 요사이는 사회에서 예감이나 느낌의 의미로 확장되어 쓰이고 있다.

통신은 일반적으로 유무선으로 전자기파를 주고받는 방식으로 이루어지는데, 여기서는 간단히 빛을 쓴다고 해보자. 그러면 도청자는 그림 2-4의 첫 번째처럼 반≠반사 거울을 이용하여 갑돌이가 보내는 신호 일부는 을순이에게 가도록 내버려두고 나머지는 자신이 가로채 온다. 갑돌이와 을순이도 이런 식으로 도청당할 수 있다는 것을 알기 때문에 꾀를 낼 수 있다. 양자물리에 따르면, 빛도 더 쪼갤 수 없는 최소 단위가 있으며 이를 우리는 '광자'라고 부른다. 이 광자를 반반사 거울에 보내면 거울에 반사되어 도청자에게 가거나, 투과하여 을순이한테 가지 반으로 쪼개지지 않는다. 이렇게 최소 세기의 신호를 보내면 도청자는 반반사 거울을 이용해서는 을순이에게 들키지 않고 신호를 읽을 수가 없게 된다.

그런데 이런 상황에서는 도청자도 꾀를 낼 수 있다. 바로 그림 2-4의 맨 아래 그림처럼 신호를 몽땅 가로채어 읽은 후 똑같은 신호를 만들어서 을순이에게 보내는 방법이다. 이렇게 하면 을순이가 받는 신호에 약간의 시차가 생길 뿐이므로 을순이는 눈치채지 못할 가능성이 크다. 양자통신은 바로 이런 도청 수단을 방지하는 통신 수단이다. 광자를 보낼 때 0이나 1을 보내는 것이 아니라 0과 1의 중첩 상태로 보내는 것이다. 이를 도청자가 읽으면 0이나 1의 상태로 붕괴하므로, 즉 상태가 변하므로 을순이에게 같은 신호를 보낼 수가 없게 되고 을

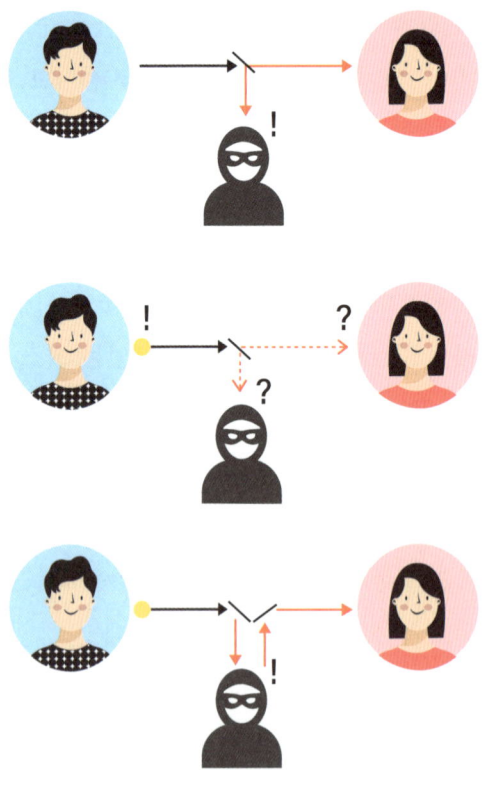

그림 2-4 양자암호통신.

순이는 도청자의 존재를 눈치채게 된다.

이러한 통신 방식은 질 브라사르Gilles Brassard와 찰스 베넷이 1984년에 처음 제안했다 하여 'BB84 방식'이라고 불린다. 이 방식은 양자기술 중에서 얽힘을 사용하지 않는 몇 안 되는 기술 중 하나다. 도청을 불가능하게 하는 양자통신에는 얽힘을 사용하는 방식들도 많이 개발되었다. 이런 도청불가 양자통신은 조금 더 구체적으로는 '양자키분배quantum key distribution(QKD)'라고 불린다.

여기서 말하는 키, 즉 열쇠란 암호화된 문장을 푸는 데 쓰이는 숫자를 말한다. 'Cf dbsfgvm'이라는 문장은 처음 봐서는 도저히 무슨 뜻인지 알 수 없지만 전문가들은 금방 알아낸다. 이 문장은 'Be careful'이라는 영문을 알파벳 하나씩 밀어서 치환한 것이다. 이런 방식의 암호문은 카이사르의 집안에서 처음 사용한 기록이 남아 있다고 하며, 카이사르가 부르스트의 칼날에 찔리는 날에도 이런 식의 암호문을 받았다고 한다. 이 예에서는 한 글자씩 밀어 쓴다는 의미의 숫자 1이 암호키가 된다. 이런 방식의 암호문은 암호키만 알면 금방 풀리기 때문에 암호문을 교환하는 쌍방은 암호키를 비밀리에 잘 간직해야 한다. 그래서 이를 '비밀키 암호방식'이라고 부른다. 그리고 암호키를 상대방에게 전달할 때 직접 가지 않고 유선이나 무선 통신을 쓴다면 도청의 위험을 막기 위해 여기서 설명한 양자키분배기술을 쓰면 좋다.

물론 현대의 암호는 카이사르의 방식처럼 순진하지는 않다. 암호를 모르더라도 하나부터 25개까지 밀어 쓰다 보면 의미 있는 문장이 나타날 것이므로 이런 암호문을 푸는 것은 간단한 일이다. 좀 더 복잡한 암호는 a는 f로 치환, f는 x로 치환, 이런 식으로 알파벳마다 밀어 쓰는 정도를 다르게 한다. 이런 암호는 풀기가 훨씬 어렵다. 하지만 이런 암호도 끈기만 있으면 풀 수 있다. 암호문에 알파벳 사용 빈도의 통계가 나타나기 때문이다. 예를 들어 영문에는 알파벳 e가 가장 많이 나타나기 때문에 암호문에서 가장 많이 나타나는 기호를 e로 우선 치환하고, 그다음으로 많이 나타나는 기호를 영문에서 두 번째로 많이 나타나는 알파벳으로 치환하는 식으로 가다 보면 얼마 지나지 않아 암호문을 풀 수 있다. 에드거 앨런 포 Edgar Allan Poe의 추리소설 『모르그 가의 살인 The Murders in the Rue Morgue』에 나오는 탐정이 사용한 방법이다.

암호 전문가들은 알파벳의 사용 빈도가 나타나지 않아 풀기가 가장 어려운 암호는 결국 난수亂數를 사용하는 방법이라는 사실을 깨닫게 되었다. 예를 들어 난수를 발생시켰더니 12, 3, 20, … 이런 식의 무작위 숫자열이 나왔다고 하면 문장의 첫 번째 알파벳은 12개를 밀어서 쓰고, 두 번째 알파벳은 3개를, 세 번째는 20개를 밀어 쓰는 식이다. 이런 방식이 바로 현대에도 쓰이고 있는 비밀키 암호방식이다. 양자키분배기가 있으면 내가 전하고자 하는 모든 문장을 어렵고 비싸게 비밀로 통신할 필요 없이 비밀키인 무작위수 12, 3, 20, …만 안전하게 전달하면 된다. 나머지 통신문은 암호화해서 아무나 다 들을 수 있게 보내도 키를 가진 내 편만 해독할 수 있다.

양자통신은 고전적인 통신처럼 유선으로 할 수도 있고 무선으로 할 수도 있다. 유선통신은 신호를 통신선을 따라 특정한 곳에만 보내는 반면, 특정한 곳에 전파를 집중해서 보내기가 어려운 무선통신은 방송이나 휴대전화 전파같이 불특정 다수에게 모든 방향으로 전파를 발사할 때 주로 사용된다. 눈에 보이는 곳이라면 레이저를 사용하는 무선 광통신으로 특정 상대하고만 통신할 수도 있다.

특정 상대하고만 통신할 때는 일반적으로 공기층에 의한 교란 때문에 무선통신보다는 유선통신이 더 유리하다. 양자통신같이 미약한 신호를 주고받는 때에는 더욱 그렇다. 그런데 공기층의 밀도는 높이 올라갈수록 지수적으로 감소하기 때문에, 지상에서 무선 광통신이 불가능한 거리에서는 오히려 인공위성과의 통신이 유리하다. 공기의 밀도는 10km 정도 상승하면 3분의 1 정도로 낮아지며 몇십 킬로미터를 올라가면 공기가 거의 없다. 그래서 몇백 킬로미터 떨어진 인공위성과의 양자통신이 가능하다.

양자통신은 암호키 교환에만 쓰이는 것은 아니다. 양자키 분배기술은 이미 다 개발되었고, 전 세계가 주목하는 차세대 기술은 바로 양자인터넷이다. 즉 양자신호를 여러 지점에서 공유할 수 있게 하자는 것으로서, 중첩된 상태뿐 아니라 얽힌 상태까지도 보내고 받을 수 있도록 하는 게 목표다. 양자신호는 측정하면 중첩 상태가 붕괴하여 고전적인 신호로 변하므로 양자신호에 실린 정보가 대부분 사라진다. 양자인터넷을 사용하면 양자신호가 최종적으로 처리되기 전까지 그대로 유지할 수 있다는 장점이 있다.

고전데이터를 양자데이터로 바꾸거나 혹은 거꾸로 하는 과정은 시간이 오래 걸린다. 양자인터넷이 있으면 양자센서에서 측정한 양자신호 자체를 저장소로 보내어 저장하거나 양자 상태 입력을 원하는 양자컴퓨터에 직접 전달하는 등 양자신호 처리에 새 지평이 열린다. '인터넷'이라는 단어는 이 단어를 발명한 미국에서 권리를 주장하며 사용을 반대하기 때문에 보통은 '양자네트워크'라는 말을 쓴다. 양자인터넷기술은 당연히 양자키분배기술보다 더 복잡하여 상용화되려면 시간이 필요하다.

양자키분배기술의 첫 번째 고객은 물론 국방 분야다. 그다음으로는 기업 비밀이 중요한 산업체와 금융 업계가 될 전망이다. 양자인터넷은 미래에 주로 전문가들만 사용하게 될 것 같다.

양자컴퓨터

양자컴퓨터를 영어로 인터넷에서 찾아보면 disruptive technology라는 단어가 등장하고, disruptive를 사전에서 찾으면 '지장이 되는'이라는 번역이 나온다. 양자컴퓨터기술이 지장이 되는 기술이라고? '이게 무슨 소리야?' 하고 좀 더 내려가 보면 '와해적인', '혁신적인' 이런 뜻도 나온다. 그러니까 disruptive는 revolutionary(획기적인)나 evolutionary(발전적인)라는 단어들과는 달리 기존의 질서를 모두 와해시키고 새롭게 판을 짠다는 의미가 포함되어 있다. 양자컴퓨터는 우리 사회의 모든 분야를 바꾸어놓을 것이라는 뜻으로 해석된다. 양자통신은 보안 분야에, 양자센서는 국방과 의료 분야에 주로 사용될 것이고, 양자컴퓨터는 우리 사회의 모든 분야에 영향을 미칠 것이다.

양자컴퓨터도 고전컴퓨터처럼 이진법을 쓴다. 고전컴퓨터가 0과 1을 나타내기 위해 0V와 5V라는 고전적인 '상태'를 사용하듯이 양자컴퓨터도 0과 1을 나타내기 위해 양자적인 '상태'를 사용한다. 예를 들면 원자에서 전자가 가장 반경이 작은 궤도를 도는 상태와 그보다 반경이 큰 궤도를 도는 상태를 0과 1로 사용할 수 있다. 양자 상태가 고전적인 상태와 가장 다른 점은 중첩할 수 있다는 점이다. 고전 전산에서 0과 1을 나타내는 상태를 '비트'라고 부르고, 양자컴퓨팅에서는 양자비트라는 뜻으로 '큐비트'라고 부른다.

양자컴퓨팅에서는 연산을 위해 전자기파 펄스와 같은 물리적 조작을 가한다. 양자 세상의 특징 중 하나는 중첩된 상태에 물리적 조작을 가하면 개개의 상태에 물리적 조작이 동시에 독립적으로 가해진다는 점이다. 예를 들어 NOT 연산은 0을 1로 바꾸고 1은 0으로 바꾸는 연산인데, 양자컴퓨팅에서 0과 1이 중첩된 상태에 NOT 연산을 가하면 1을 0으로 바꾸는 동시에 0을 1로 바꾼다. 10개의 큐비트가 있다면 개개 큐비트가 2개씩의 상태를 가지므로 모두 $2^{10}=1024$개의 상태를 만들어낼 수 있다. 이 상태들이 모두 중첩된 상태에 연산을 가하면 1024개의 숫자에 동시에 연산이 된다. 이렇게 동시에 여러 개의 연산을 하는 것을 '병렬처리'라고 부른다. 양자컴퓨터는 병렬처리를 잘해서 빠르다.

어떤 함수 $f(x)$가 0이 되게 하는 x 값을 찾으라고 고전컴퓨터에 명령하면 지능이 전혀 없는 고전컴퓨터는 1에서부터 순서대로 2, 3, 4 ,…를 x 값으로 넣어서 함수가 0이 되게 만드는 x 값을 찾는다. 양자컴퓨터도 지능이 없기는 마찬가지지만 정답이 될 만한 후보 숫자들을 몽땅 중첩해 한꺼번에 양자컴퓨터에 집어넣으면 중첩된 숫자들에 대해 동시에 함숫값을 계산해서 그중에 답이 되는 상태만 톡 튀어나오게 만든다. 물론 이런 환상적인 일을 벌이기가 쉽지는 않다. 이런 계산을 할 수 있는 양자컴퓨터를 만드는 일도 어렵고, 이런 계산을 수행할 수 있는 양자 알고리듬을 만드는 일도 어렵다. 그렇지만 이런 계산이 가능하다는 것은 이미 실증되었다.

IT에 대해 좀 아는 독자라면 사실 고전컴퓨터도 병렬처리를 하고 있음을 알 것이다. 엔비디아NVIDIA의 최근 주가가 급등하여 전 세계 시가총액 1위가 된 이유는 그래픽처리장치 때문이다. 이 장치는 병렬처리로 계산을 빠르게 하기에 최근 경쟁적으로 계산량을 늘리고 있는 생성형 인공지능 소프트웨어 기업들이 줄 서서 매입한다. 고전컴퓨터도 병렬처리를 한다면 양자컴퓨터의 병렬처리가 뭐 그리 대수일까? 고전컴퓨터의 병렬처리와 양자컴퓨터의 병렬처리의 차이는 필요한 하드웨어의 개수에 있다. 큐비트 수가 10인 양자컴퓨터 CPU가 한 개 있으면 $2^{10}=1024$배로 병렬처리를 할 수 있는데, 고전컴퓨터로 똑같이 병렬처리를 하려면 하드웨어가 1024배 있어야 한다. 필요한 하드웨어가 1000개라면 IC 칩으로 만들어 어떻게 버텨볼 수 있는 수준이겠지만, 큐비트의 수가 40개만 되어도 $2^{40}=2^{10\times4}\approx(10^3)^4=1$조 배 병렬처리를 하는 양자컴퓨터 CPU를 따라 할 수는 없을 것이다. 현재의 양자컴퓨터 CPU는 약 100큐비트를 가지고 있다.

대량의 하드웨어를 집적하여 사용하는 고전컴퓨터의 병렬

처리장치는 당연히 에너지를 많이 소모한다. 양자컴퓨터는 빠르게 계산하면서도 그 빠른 계산에 에너지가 필요하지 않다. 사실 파인먼이 양자컴퓨터의 환상적인 계산 능력을 언급하기 전에 폴 베니오프Paul Benioff는 먼저 양자컴퓨터가 에너지를 소모하지 않는다는 점을 지적했다. 그런데 에너지 효율의 장점은 연산 속도의 장점에 가려 한참 동안 언급이 되지 않다가 최근 인공지능이 사용하는 어마어마한 에너지가 문제되기 시작하면서 다시 부각되고 있다. 실제 양자컴퓨터도 물론 저온 유지 등을 위해 에너지를 사용하지만 그 에너지는 수 킬로와트 정도이며 양자컴퓨터의 계산 자체에는 이론상 전혀 에너지가 들지 않는다.

양자컴퓨터는 모든 문제를 빨리 푸는 것이 아니고 병렬처리가 효과적인 문제만 빨리 푼다. 그러므로 양자컴퓨터는 모든 경우에서 슈퍼컴퓨터를 대체하는 것은 아니다. 하지만 병렬처리가 효과적인 영역만 해도 어마어마하다. 병렬처리가 효율적인 기본 알고리듬 요소들을 조합하여 여러 가지 일을 하는 응용 양자 알고리듬들이 많이 개발되고 있다. 가장 많이 연구되는 주제는 암호 해독, 분자 시뮬레이션, 최적화, 미분방정식, 양자인공지능 등이다. 이 주제들은 하나같이 우리 사회에 미치는 영향이 지대하므로 우리의 미래를 어떻게 바꾸게 될지 자세히 살펴볼 가치가 있다.

4장

양자컴퓨터의 활용 분야

암호 해독

양자컴퓨터 하면 빠지지 않고 나오는 이야기가 암호 해킹이다. 왜 양자컴퓨터 이야기에 이런 부정적인 요소가 먼저 언급되는 것일까? 주된 이유는 사회에 미치는 충격이 가장 쉽게 와닿기 때문으로 생각되는데, 양자컴퓨터는 이런 부정적인 응용보다 긍정적인 응용처가 물론 훨씬 더 많다. 양자컴퓨터와 암호 해킹과의 관계는 인터넷과 음란물의 관계와 유사하다. 인터넷 개발 초기에 인터넷이 보편화되면 음란물이 범람할 것이라고들 우려했었고 실제로도 그렇게 됐다. 예상했던 일이지만 음란물의 범람이 우려된다고 해서 인터넷을 개발하지 않는다면 구더기 무서워 장 못담그는 격이다. 그리고 사실 음란물이 인터넷의 발전을 촉진할 것이라고도 예상했으며 그 예상도 맞았다. 유감스럽게도 양자컴퓨터도 암호 해킹이라는 범죄가 중요한 개발 동기로 작용하기도 한다. 이럴 때 양자컴퓨터의 개발을 막기보다는 대신 양자컴퓨터가 뚫지 못하는 새로운 암호기술을 같이 발전시키는 것이 바람직하다.

암호는 매우 중요하다. 2차 대전은 공식적으로 일본이 원자폭탄 폭격을 받은 후 항복하면서 끝이 났다. 그러나 원자폭탄을 맞기 전에도 독일과 일본의 암호는 이미 연합군에게 다 풀려 게임은 끝이 난 상태였다. 원자폭탄은 그로기 상태에 있는 상대방에게 마지막 펀치를 날리는 역할이었을 뿐이다. 아무리 기술이 좋은 타짜라고 하더라도 자기 패를 다 보여주면서 치는 도박에서 딸 수가 있겠는가?

어느 대학에 강연을 갔을 때 2차 대전 당시 일본이 먼저 미국을 쳤다는 사실을 모르는 학생들이 있어 충격을 받은 적이 있다. 설마 일본 같은 소국이 미국 같은 강대국을 치려고 했겠냐고 생각하는 것 같았다. 2000년대에 태어난 젊은이들은 그런 생각을 할 수 있겠으나, 1940년대에 일본이 진주만을 폭격할 당시 일본에는 우리나라가 아직 한 대도 보유하지 못한 항공모함이 11척이 있었고, 미국은 4척을 보유하고 있었다.[11] 적어도 해군력에 관한 한 2차 대전 당시는 일본이 세계 최고였다. 일본은 동남아시아를 몽땅 식민지화하려는 야심을 실행에 옮기고 있었는데, 하와이에 배치된 미국의 태평양함대가 신경 쓰였다. 일본은 이곳에 항공모함들도 모두 모여 있다고 추정했고, 진주만을 폭격해서 미국의 전함들을 모두 격침해버리면 마음 편히 아시아를 삼킬 수 있을 것으로 판단했다.

　일본은 진주만을 폭격했으나, 미국의 항공모함들은 그곳에 정박되어 있지 않았다. 이에 일본은 미국의 전략 기지였던 미드웨이를 정복하면 남아 있는 미국의 항공모함을 유도해 전멸시킬 수 있을 것으로 판단해 공격했고, 이로써 두 국가의 항공모함들이 미드웨이에서 일대격전을 벌였다. 이 해전에서 미국은 화력 면에서 열세였으나 일본해군을 대파하고 전세를 뒤집을 수 있었다. 그게 가능했던 이유는 바로 미국이 일본의 암호를 풀어 일본군의 움직임을 예상했기 때문이다. 이 극적인 이야기는 여러 차례 영화로 나왔다. 미드웨이 해전에서 일본이 이겼다면 세계 역사는 크게 달라졌을 것이다. 특히 우리나라의 운명은 지금과 완전히 달랐을 것이다.

　영국군은 블레츨리파크라는 곳에 1만여 명의 인원을 모아놓고 독일군의 암호를 해독하기 위해 애를 썼다. 한번은 독일군의 암호를 제대로 풀어냈는데, 그다음 들어온 독일군의 전문을 해독해보니 '코번트리'라는 도시를 모월 모시에 폭격하라는 것이었다. 코번트리에는 2차 대전 당시 영국군의 군수공장이 많이 있었다 한다. 이런 정보를 알게 되었으면 당연히 독일군의 폭격기가 오는 시간에 맞춰 영국군 전투기가 떠서 그 폭격기들을 격추하거나 최소한 주민들에게 대피방송이라도 미리 하는 게 맞다. 그러나 처칠은 이 중 어느 것도 하지 않았고, 그래서 주민들 수백 명이 죽었다는 주장이 있다. 전후 이것이 영국 의회에서 문제가 됐었다고 하는데, 일급 비밀이므로 진위는 확인되지 않았다. 처칠은 왜 아무런 조치도 취하지 않았을까? 영국이 독일의 암호를 해독할 수 있다는 사실을 독일이 알게 하고 싶지 않아서였을 것이다. 더 결정적인 순간에

그림 2-5 블레츨리파크에서 가동되었던 암호 해독 기계 '마크 2 콜로서스'. 영국군은 블레츨리파크에 1만여 명의 인원을 모아 독일군의 암호문을 해독했다.

써먹을 수 있도록. 암호란 최소한 이렇게 수백 명 시민의 목숨만큼이나 중요한 것이다.

현대의 암호는 크게 두 가지 유형으로 나뉜다. 하나는 비밀키 암호체계고 다른 하나는 공개키 암호체계인데, 카이사르의 암호처럼 키를 비밀리에 잘 간직해야 하는 경우가 전자에 속한다. 공개키 암호체계는 소인수분해가 어렵다는 점을 이용하여 키를 분배하지 않아도 암호통신을 할 수 있는 기술이다. 17 곱하기 19를 해서 323을 얻는 것은 몇 초면 되겠지만 반대로 323이 나누어지는 숫자인지, 나누어진다면 어떤 숫자로 나눌 수 있는지, 즉 소인수분해를 하는 데 몇 분은 걸릴 것이다. 323 같은 세 자리 숫자를 소인수분해 하기는 쉽지만, 자릿수가 256개인 숫자라면 인간은 죽을 때까지 계산해도 소인수분해를 하기 어렵다.

공개키 암호체계는 예를 들면 이런 식으로 작동한다(그림 2-6). 갑돌이는 자신에게 암호문을 보내고 싶은 사람은 323이라는 소위 공개키를 써서 만들어 보내라고 개나 소나 다 듣게 공개한다. 그러면 갑돌이에게 암호문을 보내고 싶은 을순이는 이 공개키를 써서 자신이 보내고 싶은 메시지를 암호화한 후 역시 누구나 다 들을 수 있게 방송한다. 그래도 괜찮다. 공개키를 써서 어떻게 암호가 만들어지는지 아는 사람도 을순이의 메시지를 복구해낼 수가 없다. 심지어 을순이도 자신의 원문

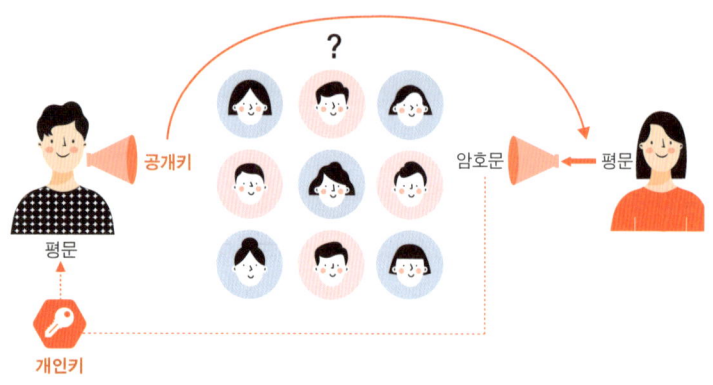

그림 2-6 공개키 암호체계.

을 잃어버리면 복구할 수가 없다. 이 암호화된 메시지는 17이라는 숫자가 323을 나눈다는 사실을 알고 있는, 즉 17이라는 개인키를 가지고 있는 갑돌이만 풀 수 있다. 실제 공개키 암호 방식은 이보다 더 복잡하지만 기본 아이디어는 이와 같다.

양자컴퓨터 역사상 가장 중요한 사건으로 꼽히는 사건은 바로 소인수분해를 빨리하는 양자 알고리듬의 발명이었다. 이제 당연히 좋은 양자컴퓨터만 있으면 공개키에 기반을 둔 전 세계 암호 시스템은 무너지게 된다. 고전컴퓨터로 N 자릿수 숫자를 소인수분해 하는 데 걸리는 시간은 N승에 비례하여 증가하는 데 반해, 피터 쇼어Peter Shor의 양자 소인수분해 알고리듬은 로그 N에 비례하여 천천히 증가한다. 자릿수가 늘어날수록 양자컴퓨터와 고전컴퓨터의 계산 속도는 차이가 더 벌어진다. 양자 소인수분해 알고리듬도 병렬처리가 가능해서 빠르다.

소인수분해와 함께 병렬처리가 빛을 발하는 또 하나의 대표적인 경우는 바로 데이터검색이다. N개의 데이터 중에서 하나를 찾을 때, 확률 50%로 찾는다고 해도 $\frac{N}{2}$번 정도는 뒤져 봐야 한다. 그런데 로브 그로버Lov Grover의 양자데이터검색 알고리듬을 사용하면 이 시간이 $\sqrt{N}$번으로 줄어든다. 1경 개, 즉 10^{16}개의 데이터 중에서 하나를 찾는 데 고전데이터검색 알고리듬을 사용하면 $\frac{10^{16}}{2} = 5 \times 10^{15}$, 즉 5000조 번은 뒤져 보아야 하는데 양자데이터검색 알고리듬을 사용하면 $\sqrt{10^{16}}$, 즉 10^8번 정도에 찾을 수 있다. 1초에 100만 개씩 시도해볼 수 있다고 하면 고전컴퓨터로는 300년쯤 걸리는 데 반해 양자컴퓨터를 쓰면 1분 정도면 찾을 수 있다. 양자컴퓨터와 고전컴퓨터의 계산 속도는 데이터가 많아질수록 차이가 커진다.

양자데이터검색 알고리듬은 비밀키 암호체계의 해킹 또는 격파에도 이용할 수 있다. 그러므로 양자컴퓨터는 현대 암호의 두 가지 큰 축, 비밀키 암호체계와 공개키 암호체계 모두를 깬다. 내 은행계좌를 누군가 해킹하는 데 300년이 걸린다고 하면 걱정이 되지 않지만 1분 만에 찾는다고 하면 맘 편히 있을 수 없다.

암호는 국방이나 스파이 활동에만 쓰이는 것이 아니고 우

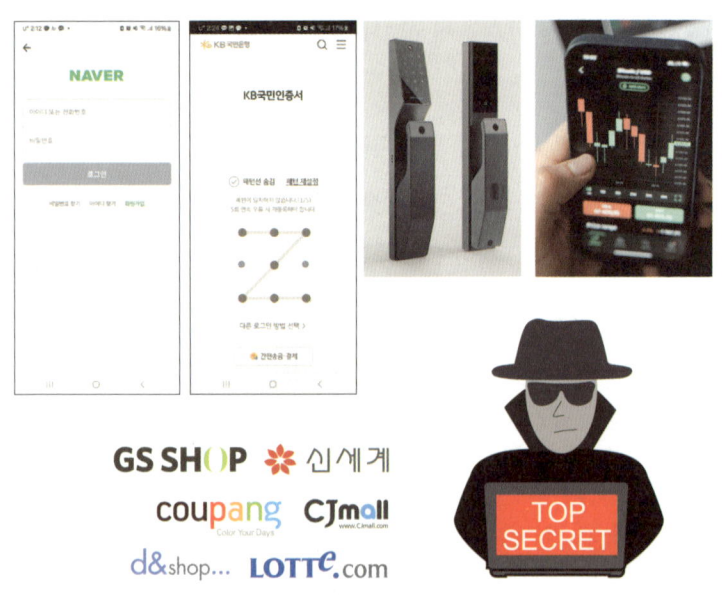

그림 2-7 우리 생활의 암호.

리가 온라인뱅킹을 할 때도 필요하고 온라인 쇼핑이나 SNS를 할 때도 필요하며 집에서 주식거래를 할 때도 필요하다. 우리가 아침에 일어나면 가장 먼저 하는 일은 암호를 넣어서 내 스마트폰을 깨우는 일이며, 마지막으로 밤에 집에 들어갈 때 현관문의 비밀번호를 정확히 눌러야 하루가 무사히 끝난다. 우리 사회의 작은 부분에서라도 암호 시스템이 깨지면 당장 큰 혼란이 일어날 것임은 쉽게 예측할 수 있다.

보험회사 악사AXA에서는 자사 데이터에 양자컴퓨터가 풀지 못하는 양자내성암호를 거는 연구를 하고 있다고 한다. 암호를 풀 정도의 훌륭한 양자컴퓨터라면 빨라도 2035년 정도는 되어야 나올 것 같은데 왜 벌써 걱정을 하고 있을까? 어떤 회사의 비밀 데이터는 해킹해 빼내 오기도 어렵지만, 빼내 와도 암호가 걸려 있어 읽을 수가 없다. 그렇지만 회사들이 이렇게 방심하고 있을 때 비밀 데이터를 빼내 온 뒤 앞으로 10년 후 암호를 깰 수 있는 양자컴퓨터가 나왔을 때, 그때 가서는 읽을 수 있다. 이것을 회사의 입장에서 보자면, 지금 가지고 있는 기업 비밀이 10년 후에는 공개되어도 괜찮으면 상관이 없지만, 그렇지 않다면 지금부터 양자컴퓨터가 뚫지 못하는 양자내성암호를 걸어두는 연구를 해야 한다는 뜻이다.

비트코인

1차 대전에서 패한 독일은 전비를 갚느라 무리하게 화폐를 발행한 탓에 화폐 가치가 폭락하여 사람들은 땔감을 사는 대신 화폐를 땔 정도였다고 한다. 우리가 사용하는 화폐가 화폐를 만드는 종이보다 가치가 있는 이유는 무엇인가? 이유는 단 하나, 정부가 가치를 보증하고 있기 때문이다. 정부가 화폐 발행을 남발한다든지, 정부가 전복되어 사라진다면 화폐는 그 순간 휴지가 된다. 사실 정확히 말해서 화폐가 가치가 있으려면 믿을 만한 정부가 말로만 가치 있다고 보증하는 것이 아니라, 언제든지 금 같은 실물 자산으로 바꾸어준다고 보증해야 한다. 1971년까지만 해도 기축통화인 달러는 금 교환을 보장하는 태환지폐였으나 이제는 주요국 중에 태환지폐를 사용하는 나라는 없다. 지금의 달러는 미국이 초강대국의 지위를 앞세워 자기네가 필요한 대로 찍어내고 있고, 결국 전 세계인이 가치가 있다고 치자고 무언중에 동의해서 가치가 있는 셈이다.

비트코인을 비롯한 암호화폐는 집중된 권력의 보증이나 이에 따른 조작과 통제를 피하려고 '블록체인'이라 불리는 분산 장부 시스템을 사용한다. 요즘같이 디지털화된 세상에서 우리는 현금 대신 신용카드를 사용하며, 내가 가진 재산은 은행 계좌의 숫자로 존재한다. 내 집은 정부가 관리하는 등기부

그림 2-8 짐바브웨의 100조 달러짜리 지폐.

등본에 내 것이라고 기록되어 있기에 내 것이다. 이런 신용 시스템은 정부가 보증하기에 가능하다. 비트코인 시스템에서는 내 소유의 재산을 정부가 보증하는 대신 비트코인을 사용하는 모든 사람이 다 같이 보증한다. 이것이 가능한 이유는 바로 비트코인을 사용하는 모든 사람이 소유권이 적힌 똑같은 장부를 공유하여 어떤 돈이 내 돈인지를 서로 보증해주기 때문이다. 그러므로 블록체인은 암호화폐 시스템이 존재할 수 있는 근간이다.

    이 블록체인 시스템은 아무나 장부를 조작하지 못하도록 철저히 암호화되어 있다. 소유권을 바꾸는 계좌 이체에는 전자서명이 쓰이는데 이는 공개키 암호체계에 기반을 두고 있다. 이런 거래가 유효한 것인지 검사하고 거래를 장부에 적은 뒤 블록체인 시스템 유지에 수고하는 사람들에게는 보상으로 코인을 준다. '채굴'이라 불리는 이 과정에서 사용되는 해시함수$_{\text{Hash function}}$는 마치 금고의 비밀번호를 누르는 것처럼 적절한 값을 입력하도록 요구한다. 양자컴퓨터는 공개키 암호체계와 비밀키 암호체계의 격파에 모두 효율적이므로 암호를 제대로 푸는 양자컴퓨터가 개발되면 암호화폐의 계정은 모두 해킹당할 수 있으며 채굴도 독점될 수 있다. 이런 상황이 오면 당연히 암호화폐는 무용지물이 된다. 지금 비트코인의 시세는 1억 원도 넘는데, 나 같으면 10년 이내에 모두 처분하겠다.

암호화폐가 무용지물이 되지 않게 예방하는 방법도 물론 있다. 해시함수 격파에 양자데이터검색 알고리듬을 사용한다면 N개의 데이터에서 특정 데이터 하나를 찾아낼 때 $\sqrt{N}$번의 시도가 필요하다. 그러므로 해시함수의 보안을 높이려면 입력할 숫자의 자릿수를 높이면 된다. 물론 여러 가지 불편이 따르기는 하겠지만 목적은 달성할 수 있다.

전자서명의 안정성을 높이려면 소인수분해에 기반한 소위 RSA 공개키 암호체계* 대신에 양자컴퓨터가 효율적으로 뚫지 못하는 격자 암호 등을 사용하면 된다. 안전한 암호 시스템을 만드는 일은 시간이 걸린다. 그래서 미국 국립표준기술연구소(NIST)에서는 양자컴퓨터가 뚫지 못하는 양자내성암호의 표준을 만들기 위해 2016년부터 공모를 시작했고 무려 8년이 지난 2024년에야 당선작을 발표했다. 처음에는 70여 개의 후보가 접수되었고 2년간 심사를 거쳐 2018년에 1차로 26개의 후보를 선정했는데, 이때에는 국내 작품도 3개가 포함되었다. 다시 2년 뒤인 2020년에는 2차로 7개의 후보를 선정했으며, 2022년에는 3차로 4개의 후보를, 그리고 2024년에 최종 3개의 암호 시스템을 선정하였다. 양자내성암호의 표준은 미국만 만들고 있는 것이 아니다. 우리나라에서도 국정원의 후원으로

* 공개키 암호체계 중에서 가장 널리 알려진 알고리듬.

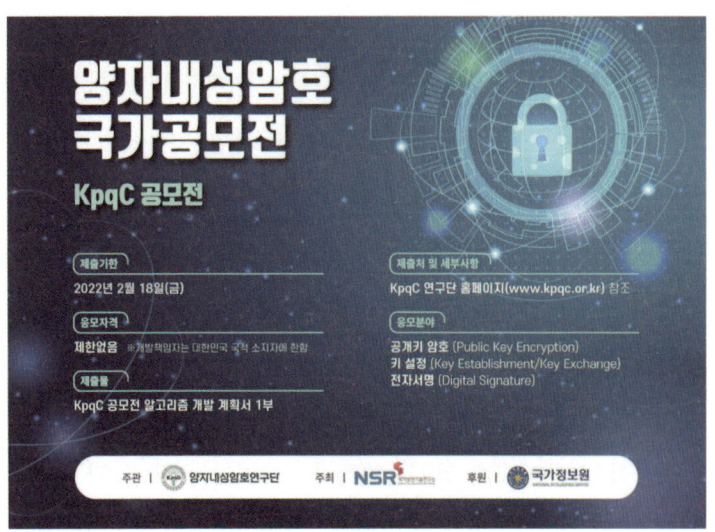

그림 2-9 국내의 양자내성암호 공모전.

양자내성암호 국가공모전을 열고 있다. 이 공모전에서는 공개키 암호체계와 전자서명에서 양자컴퓨터의 공격에 안전한 시스템을 선정하고 있다.

이렇게 양자컴퓨터의 공격에서 안전한 암호 시스템을 블록체인에 사용하면 그 암호화폐는 안전하다. 실제로 이런 양자내성암호를 사용한 블록체인에 기반을 둔 양자암호화폐도 이미 나와 있다. 단지 비트코인이나 이더리움, 혹은 일론 머스크Elon Musk가 선전하여 유명해진 도지코인만큼의 유명세가 없어 가격이 쌀 뿐이다. 암호화폐가 왜 가치를 가지는지 다시 한

번 생각해보게 된다.

비트코인도 양자내성암호로 전자서명을 하고 해시함수의 입력 길이를 두 배로 하면 양자컴퓨터의 공격에서 안전해진다. 그러나 이미 사용되고 있는 암호화폐의 블록체인 시스템을 손보는 것은 간단한 일이 아니다. 암호화폐 시스템을 바꾸려면 암호화폐 소유자들의 동의를 얻어야 한다. 그런데 누군가 시스템을 바꾸자고 제안을 해왔을 때, 그 사람이 자신만이 아는 치트키를 몰래 숨겨놓고 이득을 보려는 것은 아닌지 비전문가들이 어떻게 알겠는가? 우리나라는 미국 국가안보국(NSA)에서 개발한 암호 시스템을 사용해왔는데, NSA가 해외에 수출하는 암호 시스템의 마스터키를 가지고 있을 거라는 의혹이 제기된 바도 있다.

만일 특정 기술적·정책적 결정에 찬반 의견이 갈리면 암호화폐는 찬성파가 사용하는 화폐와 반대파가 사용하는 화폐로 갈라질 것이다. 이런 상황을 '하드포크 Hard Fork'라고 부르는데 과거 비트코인도 하드포크가 발생한 적이 있다. 그래서 결국 비트코인은 지금의 비트코인과 비트코인 캐시로 갈라졌다. 그 당시의 하드포크는 블록체인의 블록 크기를 늘리는 안에 대한 찬반 때문에 일어났다. 그런 문제로도 하드포크가 일어나는데, 블록체인 시스템의 근간을 바꾸자는 제안이 들어오면 간단히 합의될 리가 없다. 그렇다고 지금처럼 계속 가다가는 화폐 자체의 가치가 영락해버릴 테니 가만히 있을 수도 없다. 과연 비트코인에 지혜로운 해법이 나올지 귀추가 주목된다.

분자 시뮬레이션

세계경제포럼(WEF)에서 2024년 9월에 나온 보고서에 따르면 양자컴퓨터기술은 우선 녹색 비료, 분자 모델링, 단백질 접힘, 탄소 포집, 태양전지 디자인, 배터리 디자인, 경로 최적화, 전력망 최적화 등에 쓰일 수 있다고 했다.[12] 마지막 두 항목은 최적화 문제고 나머지는 모두 분자 시뮬레이션과 연관된 문제다. 세계경제포럼에서는 양자컴퓨터가 최우선으로 적용될 분야를 분자 시뮬레이션 분야라고 본 것이다.

분자 시뮬레이션의 대표적 응용 분야는 신약 개발이다. 신약을 개발하려면 우선 병의 기전을 이해하고, 이 기전에 관여하는 표적 단백질을 찾은 후, 방대한 데이터베이스를 뒤져 이들 단백질과 결합하여 병의 기전을 방해할 분자 화합물을 찾는다. 그러고는 이들 후보 분자 화합물의 효율을 높이고 독성을 줄이는 등 우리가 원하는 효과가 나오도록 분자를 디자인한다. 디자인이 끝나면 동물실험을 통해 테스트해보고, 이를 통과하면 3단계에 걸친 인체 테스트를 한다. 신약을 하나 개

그림 2-10 2024년 9월에 나온 세계경제포럼의 양자기술에 대한 보고서.

발하려면 보통 10~15년이 걸리며 조 단위의 돈이 든다.

첫 단계인 디자인은 시간도 몇 년씩 걸리고 돈도 많이 드는데도 성공률이 별로 높지 않아서 뒤따르는 임상 실험에서 대부분 탈락한다. 병의 기전에 관여하는 단백질이나 이들과 결합하는 화합물에 대해 분자 수준에서 정확히 이해하고 있지 못하기 때문이다. 전 세계에서 가장 많이 사용되는 진통제 타이레놀의 주성분인 아세트아미노펜은 1800년대에 발견되고 1900년대 중반부터 사용되기 시작했으나 아직도 왜 해열 진통이 되는지 미시적인 기전을 잘 모른다고 한다.

단백질은 우리 몸을 이루는 주성분이며 신체 운동을 조절하거나 신호 전달자 역할을 하는 호르몬, 효소, 항체도 모두 단백질이다. 하나의 단백질은 몇 개에서 몇만 개의 아미노산의 연결로 이루어져 있다. 자연에는 아미노산이 20가지가 존재한다고 하니 아미노산이 붙는 개수나 순서에 따라 무한히 많은 단백질이 존재할 수 있다. 아미노산이 10개만 붙는다고 해도 10자리 모두 20가지 다른 아미노산이 올 수 있으므로 생성될 수 있는 단백질 수는 20^{10}, 즉 약 10조 개에 달한다. 그런데 단백질은 우리가 보고 이해하기 좋게 길게 일직선으로 뻗은 모양으로 생긴 것이 아니라, 엉킨 실타래처럼 복잡한 형태로 접혀 있다. 구성 아미노산의 종류와 순서뿐 아니라 그 엉킨 모양도 단백질의 성질을 결정하는 요소로 알려져 있는데, 최근까지 엉킨 구조가 알려진 단백질이 많지 않았다.

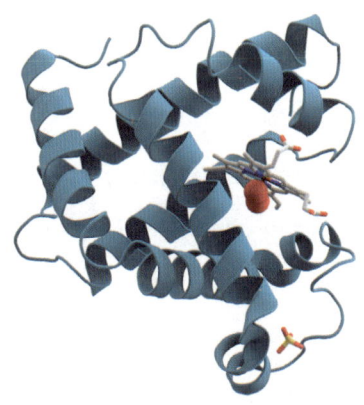

그림 2-11 가장 먼저 구조가 밝혀진 단백질, 미오글로빈.

과학자들은 단백질의 접힌 형태를 알아내기 위해 많은 시간을 투자했으나 단백질이 접히는 현상은 단백질을 이루는 수백, 수천 개 원자 간의 전자기력에 의해 일어나는 현상이라 고전컴퓨터로 시뮬레이션하기가 버거웠다. 그래서 이를 촉진하기 위한 대회도 열렸다. 단백질 구조 예측 학술대회Critical Assessment of Techniques for Protein Structure Prediction(CASP)에서는, 단백질의 접힘 구조가 최근에 밝혀졌지만 아직 발표는 되지 않은 단백질의 아미노산 서열을 알려주고 참가자들에게 접힘 구조를 알아내라고 요구한다. 참가자들은 주어진 단백질의 3차원 구조를 컴퓨터로 시뮬레이션하여 찾아내고 제출된 답안들은 핵자기공명이나 엑스레이 실험 결과와 비교하여 우승자를 결정했다.

이 대회 우승팀 해답의 정확도는 인공지능이 들어오면서 어마어마하게 높아졌다. 그리고 인공지능은 이제 구조가 밝혀지지 않은 단백질의 구조까지 높은 정확도로 예측한다. 2021년까지 실험을 통해 약 18만 개의 단백질 구조가 밝혀졌으나 그 이후 알파폴드AlphaFold 등 인공지능 프로그램이 출현하면서 2025년 현재 6억 개의 구조가 예측되었으며 여기에는 우리가 아는 단백질이 모두 포함된다고 한다. 인공지능은 고전컴퓨터로 시뮬레이션한 결과를 학습할 것인데, 고전컴퓨터로 하는 계산은 근사를 많이 하기에 정확도가 낮다. 양자컴퓨터는 고전컴퓨터보다 훨씬 더 정밀하게 시뮬레이션을 할 수 있으므로 더 정확한 단백질 구조 정보를 인공지능에게 제공할 수 있다.

병의 기전에 관계하는 표적 단백질을 찾았다면 다음에는 이들과 결합하여 기전을 방해할 화합물을 찾아야 한다. 과거 경험을 바탕으로 수백만 가지의 후보를 검토하여 적절한 화합물들을 찾는다. 그런 다음 약효가 최적화되도록 화합물의 구조를 디자인한다. 이 과정은 분자 결합을 시뮬레이션하여 얻어지는데, 정확도를 높이면 계산 시간이 급격히 증가하고, 계산 시간을 줄이기 위해 근사를 많이 쓰면 정확도가 떨어진다.

분자 시뮬레이션에 시간이 오래 걸리는 이유는 양자계의 자유도가 고전계보다 훨씬 크기 때문이다. 분자는 원자로 구성돼 있고 원자의 성질은 완전히 양자물리의 법칙에 따라 결정된다. 양자물리의 세계는 중첩성 때문에 입자 수가 증가할수록 그 계를 기술하는 데 필요한 차원, 즉 변수의 수가 지수적으로 증가한다. 반면 고전적인 세상은 입자 수에 비례하여 차원이 증가한다. 예를 들어 당구대 위에서 구르는 당구공의 위치를 나타내는 데는 x, y 2개의 변수가 필요하므로 당구공은 2의 자유도 혹은 차원을 가진다고 말한다. 만일 당구공이 당구대 밖으로 튕겨 나가면 이제 높이를 나타내는 변수 z가 추가로 필요하므로 당구공은 3의 자유도를 갖는다. 경부선 궤도 위를 달리는 기차의 위치는 서울, 대구, 대전, 부산과 같이 단어 하나만으로 기술되므로 자유도가 1이다. 물체 2개가 3차원 공간에 있으면 각각의 위치를 나타내는 변수가 각 3개씩 총 3+3=6개가 필요하다. 따라서 물체가 N개가 있으면 그들의 위치를 기술하기 위해서는 총 $3N$개의 변수가 필요하다. 물체의 운동량, 각운동량 등도 마찬가지여서 N개의 물체가 있으면 이들은 $3N$차원을 갖는다.

각운동량이란 회전하는 물체의 운동을 기술하기 위해 정립된 개념으로, 물체의 질량과 속도와 반지름의 곱으로 정의된다. 쉽게 말해, 회전을 멈추기 위해, 혹은 서 있는 물체를 회전시키기 위해 우리가 애를 써야 하는 정도로 이해할 수 있다. 무거운 물체가 회전하고 있으면 가벼운 물체의 경우보다 멈추기 위해 애를 더 많이 써야 하고, 빠르게 돌고 있으면 느리게 돌고 있는 물체에 비해 애를 더 많이 써야 멈출 수 있다. 같은 속도로 돌아도 반경이 크게 돌고 있는 물체는 멈추기가 더 어렵다. 또한 긴 막대 끝에 붙어 있는 물체는 돌리기가 힘이 든다. 각운동량은 그 크기를 나타내는 데 변수 한 개, 회전의 방향을 나타내기 위해 2개, 총 3개의 변수가 필요하며, 따라서 물체 하나의 각운동량 자유도는 3이다.

양자 세계의 물체들도 각운동량을 가지는데, 그 크기가 양자화되어 있어 특수한 값만 가질 수 있다. 가장 크기가 작은 각운동량을 '스핀'이라고 부른다. 스핀의 경우 크기가 정해지

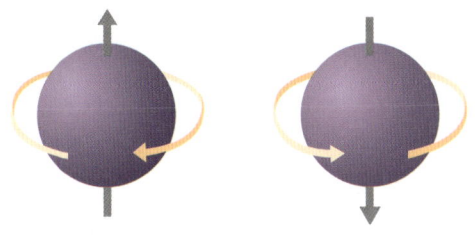

그림 2-12 스핀업과 스핀다운 상태. 곡선 화살표는 회전 방향을 나타낸다.

고 나서 남은 자유도는 회전의 방향뿐이라 스핀의 자유도는 2가 된다. 한 축을 중심으로, 예를 들어 z축을 중심으로 한 회전은 시계 방향으로 도는 회전과 반시계 방향으로 도는 회전이 가능하며 이들을 각각 '스핀업 상태'와 '스핀다운 상태'라고 부른다. 나머지 임의 방향의 회전 상태는 이 두 가지 상태의 중첩으로 나타낼 수 있다(그림 2-12).

스핀을 가진 입자 2개가 있으면 한 입자당 두 가지 상태가 중첩되어 총 4개의 상태를 만들어 자유도가 4가 된다. 그런데 고전적인 입자의 경우처럼 입자의 자유도가 각각의 자유도를 합한 $2+2=4$가 되는 것이 아니라 $2\times2=4$가 된 것이다. 2개 스핀 모두 업인 상태, 2개 모두 다운인 상태, 첫 입자는 업이고 둘째 입자는 다운인 상태, 반대로 첫 입자는 다운이고 둘째 입자는 업인 상태, 이렇게 네 가지 상태가 모든 가능한 비율대로 중첩이 될 수 있어 자유도가 4가 되는 것이다. 입자가 3개

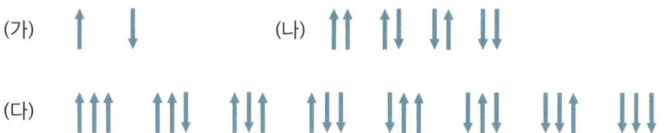

그림 2-13 (가) 스핀을 가진 입자가 한 개 있는 경우의 두 가지 가능한 상태. (나) 스핀을 가진 입자가 2개 있는 경우의 네 가지 상태. (다) 스핀을 가진 입자가 3개 있는 경우의 여덟 가지 상태.

면 $2 \times 2 \times 2 = 8$개의 상태가 중첩될 수 있어 자유도가 8이 되고, N개의 입자가 있으면 자유도는 2^N이 된다(그림 2-13).

자유도가 크면 그 입자의 상태를 기술할 때 변수가 많이 필요하므로 컴퓨터로 시뮬레이션할 때 메모리를 많이 잡아먹고 계산 시간이 오래 걸린다. 파인먼이 양자컴퓨터의 능력에 처음으로 주목한 것은 바로 이 부분 때문이었다. 입자 수에 따라 차원이 지수적으로 늘어나는 소위 '차원의 저주' 때문에 고전컴퓨터로 양자 세계를 모사하기에는 한계가 있으나, 양자컴퓨터를 개발하면 이 문제를 해결할 수 있다는 것이었다. 원자는 원자로 시뮬레이션할 수 있다는 단순하고도 당연한 이야기인데, 이를 복잡하게 표현하자면 이렇다. '중첩성에 의해 입자 수에 따라 지수적으로 늘어나는 계산 시간을, 역시 중첩성에 의해 지수적으로 늘어나는 병렬처리 능력으로 상쇄시킬 수 있다.'

원자를 구성하는 전자는 스핀 외에 더 큰 각운동량을 가질 수도 있으며, 각운동량뿐 아니라 에너지의 자유도도 가지고 있어서 N개의 전자를 가진 한 원자의 자유도는 2^N보다도 크다. 분자는 이러한 원자들을 여럿 가지고 있으므로 원자를 많이 가진 큰 분자를 고전컴퓨터로 시뮬레이션하기는 무척 버겁다. 현존하는 최고의 슈퍼컴퓨터로 시뮬레이션할 수 있는 가장 큰 분자는 원자를 20개 정도 가진 분자라고 하는데, 이 원자들이 가진 전자 수를 생각해보면 이것도 많은 근사를 취하여 변수를 엄청 줄였을 때의 이야기임이 틀림없다. 전자를 6개 가진 간단한 탄소 원자들로만 이루어진 분자라고 하더라도 $2^{6 \times 20} = 2^{120} = (2^{10})^{12} \sim (10^3)^{12} = 10^{36}$의 변수가 필요한데, 현존하는 슈퍼컴퓨터의 가장 큰 메모리는 10^{16}, 즉 1경 개 정도라고 하니 계산 시간은 차치하고 우선 계산할 공간조차 턱없이 모자란다. 하지만 양자컴퓨터를 사용하면 2^{120}개의 변수는 120큐비트로 해결되므로 큰 분자의 상태와 결합을 짧은 시간에 시뮬레이션할 수 있어 신약 디자인 시간이 확 줄어든다. 많은 제약회사가 양자컴퓨터를 이용한 신약 개발에 관심을 보인다. 우리가 잘 아는 유명한 회사 이름 몇 개를 들자면 노보 노디스크Novo Nordisk, 파이자Pfizer, 머크Merck 등이 있다.

유기체는 탄소, 수소, 산소, 질소 등으로 구성되므로 생명체의 성장에는 이 물질들이 필요하다. 질소는 공기 중에 많이 있지만 매우 안정된 상태로 있어 식물이 직접 사용하지 못하고, 수소와 결합한 암모니아(NH_3) 같은 형태로 전환된 상태일 때 뿌리에서 흡수하여 사용한다. 그래서 공기 중의 질소를 암모니아로 만드는 질소 고정법은 비료 산업에서 혁명이었다. 문제는 이 방법이 자연에서 박테리아에 의해 일어나는 것처럼 효율적이지 않아 에너지를 많이 소모한다는 점이다. 질소 고정법은 전 세계 에너지의 1~2%를 쓰고 있으며 이산화탄소도 많이 발생시킨다. 그렇다고 우리의 식량 문제와 직결된 비료 생산을 안 할 수도 없다. 분자 결합을 잘 시뮬레이션할 수 있는 양자컴퓨터는 새로운 촉매 개발과 같은 방법을 활용해 현존하는 질소 고정법보다 적은 에너지로 암모니아를 생산하는 녹색 비료 제조법을 우리에게 제안해줄 수 있다.

핵폭탄보다도 기후 온난화에 대한 공포가 더 커지는 요즘, 탄소의 발생과 흡수의 합을 0으로 만드는 탄소 제로 혹은 탄소 중립은 인류가 당면한 숙제다. 양자컴퓨터는 탄소 중립에도 여러 가지 방면으로 이바지할 수 있다. 이미 가입했던 파리 기후변화협약도 탈퇴하는 미국과 대조적으로 캐나다 정부는 기후변화를 막기 위해 탄소 포집, 자원 재활용, 신재생에너지 등에 양자컴퓨터를 활용하는 연구에 연구비를 지원하고 있다. 탄소 포집 문제는 이산화탄소를 흡수·저장하는 물질을 찾고, 이산화탄소를 다른 물질로 변환하는 효율적인 화학결합을 찾는 일이다. 양자컴퓨터는 분자 결합을 시뮬레이션하여 이런 물질을 디자인할 수 있게 해준다. 또한 태양전지 같은 신재생 에너지의 효율을 높이는 데도 광과 원자 간의 상호작용 시뮬레이션이 중요한 역할을 할 것이다.

현대자동차, 미쓰비시, 벤츠 등은 양자컴퓨터를 이용해 배터리를 개발하고 있다. 배터리는 화학 반응을 이용해 전기를 저장하고 꺼내 쓰는 장치다. 배터리에 쓰이는 전극이나 촉매 물질이 새로 개발되어 배터리의 효율을 2%만 높여준다고 해도 나머지 배터리 회사들은 전멸할 것이다.

최적화 문제

우리는 살면서 무의식중에 언제나 문제를 해결할 수 있는 여러 방법 중에서 제일 좋은 해법을 찾고 있다. 쇼핑할 때는 자신의 욕구와 수입을 기준으로 가성비가 가장 좋은 물건을 찾으며 외출 준비를 할 때도 가장 효율적인 순서로 움직이려고 한다. 원시인들도 사냥하기 가장 좋은 장소와 시간을 골랐을 것이고 열매가 가장 많은 장소를 찾아갔을 것이다. '가장'이라는 말이 붙는 모든 경우가 최적화를 모색하는 과정이며 최적화는 우리 사회나 생활 어디에서나 찾을 수 있다.

최적화 문제란 어떤 값을 최대나 최소로 하는 해解를 찾는 문제다. 사냥하기 가장 좋은 장소를 찾는 문제는 후보지가 몇 개 되지 않으므로 해를 찾기가 간단하나 고려해야 할 경우의 수가 무척 많은 문제도 있다. 처리해야 할 일의 순서를 정하는 문제가 그런 때에 속한다. 예를 들어 차를 타고 어디를 갈 때 '내비게이션'은 수많은 가능한 경로 중에서 운전 시간이 최소화된 경로를 우리에게 가르쳐준다. 산업에서는 부두에 배를 대고 선적과 하적을 하는 스케줄링이 이런 문제에 속한다. 항구에는 여러 척의 배가 선·하적을 위해 기다리고 있는데, 각 배의 크기가 달라 크레인 한 칸을 차지하는 때도 있고 두 칸을 차지하는 때도 있다. 또 선·하적할 화물의 양이 달라 부두에 대고 있어야 하는 시간도 다 다르다. 제한된 크레인의 수로 최대한 빨리 많은 화물을 처리하도록 크레인 배당 스케줄을

그림 2-14 크레인이 선·하적하는 부두.

최적화할 필요가 있다. 우리나라에서는 부산항 부두의 스케줄링 최적화에 양자컴퓨터를 적용하는 연구가 진행되고 있다.

모든 공장에서는 공정을 최적화할 필요가 있으며 자동차 공장같이 공정이 많고 제품을 대규모로 생산하는 공장에 특히 최적화가 요긴하다. 자원 할당과 공급망 관리, 물류 등에서도 최적화가 중요하다. 이런 부문에서 최적화가 이루어지면 당연히 에너지도 절약되고 탄소 중립에도 이바지할 것이다.

금융에서도 최적화 문제가 많이 적용된다. 투자의 포트폴리오를 최적화하는 문제에서 시작하여 외환거래에도 적용된다. 한화를 달러로 바꾸고자 할 때 직접 달러를 매입하는 것이 유리할지, 아니면 한화를 유로화로 바꾼 후에 유로화를 다시 달러로 바꾸는 게 유리할지는 순간적인 교환 비율에 달려 있으며, 매 시각 변화하는 환율에 따라 최대의 이익을 내는 교환 방식을 찾아야 한다. 최적화는 회사에서 경영 효율성을 높이는 운영 연구operations research(OR)와 의사결정에서도 사용된다. 금융은 양자컴퓨팅 연구에 많은 투자를 하고 있는 대표적 분야다.

수학적으로 유명한 최적화 문제로 외판원 문제가 있다. 외판원이 그림 2-15처럼 7개의 장소를 방문해야 한다면 어떤 순서로 방문해야 움직이는 거리가 최소일까 하는 문제인데, 앞에서 언급한 물류나 내비게이션으로 경로를 찾는 문제에 해당함을 금방 알 수 있다. 이 문제에 대한 정확한 답을 얻기 위

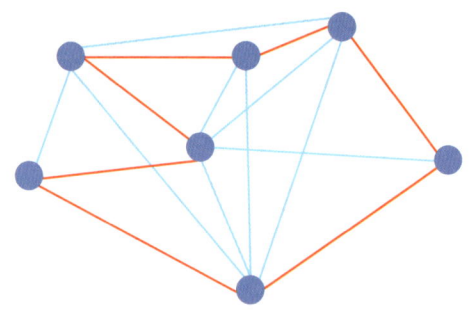

그림 2-15 외판원 문제. 7개 장소를 모두 들러 오는 최소 거리를 찾는 문제다.

해서는 모든 경우의 수를 다 따져보는 것 말고는 별다른 수가 없다. 방문할 장소의 수가 7개라면 처음 출발지를 빼고 6개의 물건을 순서대로 나열하는 방법의 수에 해당하므로, 고등학교 때 배운 순열 조합 지식을 이용하면 6!=720개의 경우가 있음을 알 수 있다. 고작 6개를 나열하는 방법의 수가 이렇게 많다는 것이 놀랍기는 하지만 어쨌든 700여 개 정도라면 손가락으로 모두 세서 해볼 수 없는 정도는 아니다. 그러나 장소의 수가 한두 개만 늘어나도 경우의 수는 엄청나게 불어나 슈퍼컴퓨터로도 계산할 수 없는 숫자에 금방 도달한다. 그로버의 양자데이터검색 알고리듬을 사용하면 모든 경우의 거리를 병렬로 계산해서 짧은 시간에 답을 찾아준다. 최적화 문제는 분자 시뮬레이션과 함께 양자컴퓨터의 응용이 가장 먼저 실현될 것으로 예상되는 분야다.

미분방정식

고등학교 때 지겹게 배워서 졸업 후에는 억지로 잊어버리려 노력하고 실제로 다 잊어버렸다고 생각하지만, 사실 우리는 미분 개념을 실생활에서 은연중에 많이 사용하고 있다. 미분이란 변화율을 의미하는 것이어서 우리 사회 어디에서나 쓰이고 있기 때문이다. 예컨대, 우리는 현 아파트 시세가 얼마인지에 초미의 관심이 있지만, 현 시세뿐 아니라 앞으로 더 오를 것인지 내릴 것인지에도 관심이 크다. 또 오른다면 얼마나 오를 것인지도 궁금해한다. 즉 아파트 시세 변화율이 궁금한 것이다. 아파트 시세 상승률은 한 해 전보다 시세가 얼마나 올랐느냐를 의미하는 숫자다. 하지만 부동산 중개업소에서는 한 달 전과 비교해서 올랐는지 내렸는지를 비교하기도 한다. 아파트 시세는 기간을 더 짧게 일주일 전, 하루 전으로 줄여 비교하는 것이 별 의미가 없지만, 주식 시세는 초 단위로 비교하기도 한다.

아파트나 주식 시세와 달리 매 순간 연속적으로 변화하는 양이 있어서 비교하는 시간을 0까지 줄여갔을 때의 변화율을 알고 싶다고 할 때, 그 변화율이 바로 미분값이다. 아파트 시세를 비교할 때는 근사적인 미분값을 사용하고 있는 셈이다. 아파트 시세 변화율을 잘 이해할 수 있는 것도 다 학교 다닐 때 미분을 배운 덕분이다. 어쩌면 거꾸로 이미 사회에서 체득한 아파트 시세 같은 개념들을 이용해서 미분을 가르쳤다면 더 쉽게 배웠을지도 모르겠다.

경제 연구소나 부동산 업자들은 아파트 시세가 앞으로 어떻게 변화할지를 예측한다. 아마도 금리나 인플레이션, 인구수 변동 등 여러 요소를 고려하여 예측할 것이다. 이런 예측을 하기 위해서는 아파트 값이 이들 요소에 의해 어떻게 변화하는지, 즉 아파트 값 상승률과 이들 요소 간의 관계를 먼저 나름대로 정리해야 한다. 다시 말해서 아파트 시세에 대한 미분방정식을 세우고 이를 풀어야 예측할 수 있다는 뜻이다. 당신이 아파트 시세를 여러 요소를 고려하여 예측하고 있다면 당신도 모르게 자신만의 아파트 시세 미분방정식을 세우고 이를 푼 셈이다. 다만 제대로 풀었다는 보장은 없다.

우리는 심지어 변화율의 변화율에도 관심을 둔다. 내년도 아파트 값 상승률이 얼마일지에도 관심이 있지만, 이 값이 계속 증가할지 아니면 감소할지에도 관심이 있다. 감소하다 보면 마이너스로 돌아설 수 있을 테고, 상승률이 마이너스라는 것은 아파트 값이 내려간다는 뜻이다. 언론에서는 상승률이 아직 플러스지만 감소세로 돌아섰을 때 '아파트 값 상승세가 꺾였다'라고 말한다. 변화율의 변화율은 미분의 미분이므로 '이차 미분'이라고 부른다. 소위 복부인들은 일상에서 이차 미분이라는 고차원적 개념까지 적용하며 살고 있다.

아파트 시세뿐 아니라 병의 확산이나 인구 증가 등 우리 사회의 모든 현상에 미분이 활용된다. 미분 개념은 일상생활뿐 아니라 자연 법칙에도 많이 적용된다. 고전역학에서의 뉴턴법칙을 비롯하여 열역학, 유체역학, 전자기학 등등의 법칙이 모두 미분으로 표현된다. 이런 법칙들은 우리 주변에서 일어나는 모든 사건에 하나도 빠짐없이 관여하고 있어서 예를 들 필요조차 없다. 미분을 알면 세상이 달라 보인다고 하지 않는가.

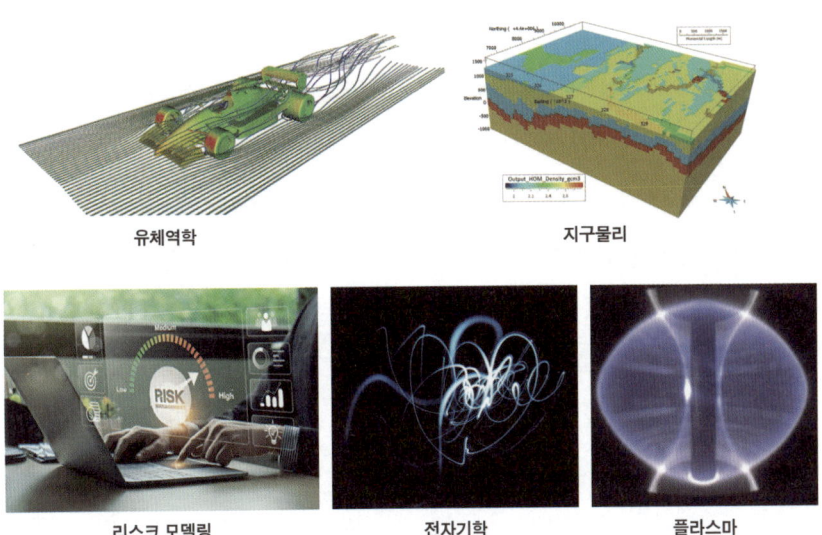

그림 2-16 미분방정식으로 기술되는 현상들.

미분방정식을 해석적으로, 즉 펜으로 계산해서 풀 수 있다면 좋겠지만, 이상적인 경우가 아닌 실제적인 문제에서는 대부분 그렇게 해답을 얻을 수가 없다. 이럴 때 컴퓨터를 이용해서 수치적인 해를 얻는다. 컴퓨터로 미분방정식을 풀 때는 함숫값을 알고 싶은 영역을 잘게 쪼개서 각 지점마다 함숫값을 근사적으로 구한다. 함수가 급격하게 변하는 영역에서는 구간을 잘게 쪼개주어야 하며 일반적으로 구간을 잘게 쪼갤수록 결과가 더 정밀해지지만, 계산해야 할 지점의 수가 많아져서 계산 시간이 지수적으로 증가한다. 그래서 복잡한 미분방정식은 슈퍼컴퓨터로도 풀기가 어려우며, 미래에 양자컴퓨터가 더욱 빛을 발할 분야이기도 하다. 일기 예보 같은 문제는 다루어야 할 데이터의 양이 많은 데다가 카오스적 특징이 있어 작은 요소도 무시하지 못하며, 열역학, 유체역학 등 그 자체로 문제 하나도 풀기 어려운 분야가 복합적으로 얽혀 있다. 컴퓨터의 성능이 향상됨에 따라 이전에 다루기 어려웠던 문제들도 다룰 수 있도록 컴퓨터가 실제 현실 조건과 유사하게 모델링하고 있으나, 아직도 실제와는 매우 거리가 멀다. 양자컴퓨터는 훨씬 더 거대하고 복잡한 문제를 풀 수 있어 기후 재난 문제도 해결해줄 수 있을 것으로 기대된다.

양자인공지능

2022년 말 챗지피티가 처음 나왔을 때 우리는 그 능력에 놀랐다. 그런데 챗지피티의 베타버전은 이보다도 2~3년 전에 이미 나왔다고 한다. 그때는 데이터를 100만 개 정도밖에 학습하지 않아서 별게 없었는데, 10억 개, 100억 개를 학습하면서 갑자기 똑똑해졌다고 한다. 요즘은 조 단위로 학습하는 모양인데, 이렇게 많은 데이터를 학습하려면 당연히 시간이 많이 든다. 양자인공지능이 나오면 이 모든 데이터를 병렬처리하여 한꺼번에 학습할 수 있다. 이런 주장에는 사실 함정이 있다. 일반적인 고전데이터를 중첩이 된 양자데이터로 만드는 데는 시간이 오래 걸린다. 그래서 과연 양자데이터로 변환하여 병렬 학습시키는 것이 그냥 고전데이터를 순서대로 학습하는 것보다 더 나은지 연구 중이다.

거꾸로 양자데이터를 다룬다면 이를 고전적인 형태의 데이터로 바꾸어 읽어야 하는 고전인공지능보다 양자인공지능이 당연히 더 유리하다. 양자센서나 양자통신에서 사용되는 데이터, 양자컴퓨터로 계산한 분자 시뮬레이션 결과 등 양자데이터가 늘어나면 이를 직접 다룰 수 있는 양자인공지능의 수요가 늘어날 것이다.

인공지능은 기본적으로 뭔가를 최적화시키려는 과정인데,

양자컴퓨터는 최적화 문제를 빨리 풀 수 있으므로 양자인공지능의 효과가 기대된다. 인공지능의 학습 메커니즘을 양자적으로 바꾸어 병렬처리를 하면 빠르게 처리할 수 있다. 인공지능이 왜 그렇게 똑똑한지 아직 명쾌하지 않은 것처럼 양자인공지능이 왜 우수한지, 얽힘이 어떤 역할을 하는지 아직 명확하지는 않다. 그리고 모든 경우에 고전인공지능보다 더 우수한지에 대해서도 논란이 있다. 양자인공지능은 논란이 있다는 사실 자체가 잠재력이 있다는 뜻이므로 연구할 가치는 분명히 있으며, 양자컴퓨팅의 응용으로서 현재 가장 많이 연구되는 분야 중 하나다.

2024년에 우리나라 정부는 '퀀텀 이니셔티브'라는 제목으로 양자기술 대도약을 위한 진흥 전략을 발표했는데, 9대 중점 기술 중 하나로 양자인공지능을 선정했다. 이 전략에서는 양자인공지능이 첨단 제조산업이나 서비스산업을 도약시킬 것이라고 제시하고 있다. 간단히 말해서 현재 우리가 인공지능에 의해 달라질 것이라고 예상하는 분야에서 양자인공지능이 또 한 단계 도약을 이끌 것으로 기대된다는 의미다. 현대자동차에서는 도로표지판들을 양자인공지능이 인식하도록 학습시켜보았는데, 고전적인 인공지능 알고리듬보다 더 적은 학습으로 뛰어난 능력을 보였다고 한다.

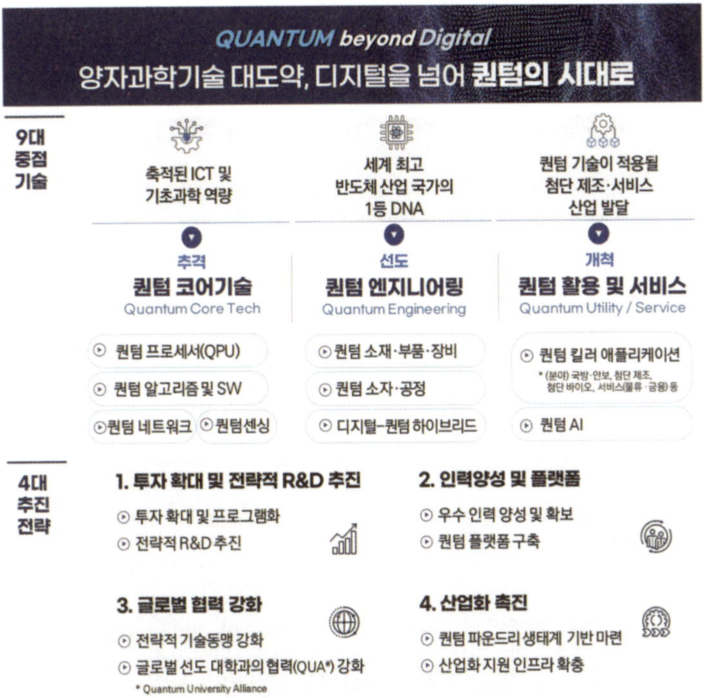

그림 2-17 2024년에 발표된 퀀텀 이니셔티브.

금융

매킨지 보고서Mckinsey Report는 양자컴퓨터의 영향을 가장 먼저 받을 산업 중 하나로 금융을 꼽았다. 금융산업은 앞서 언급한 암호 해독, 최적화, 미분방정식 풀이, 양자인공지능이 적용되는 한 분야로, 조금 더 강력하고 정확한 시뮬레이션이 곧바로 수익으로 연결되기에 양자컴퓨터를 이용한 연구개발에 가장 먼저 관심을 가졌고 가장 적극적으로 투자하고 있다.

그림 2-18은 딜로이트 인사이트Deloitte Insights의 2023년 보고서인데, 금융산업이 양자컴퓨터에 투자할 금액이 연도에 따라 지수적으로 증가할 것으로 예상한다. 예상이라는 것은 과장되는 경향이 있으므로 예상 말고 실제 투자금액을 보자. 2022년을 뺀 나머지 연도에는 모두 예상치라는 뜻으로 'E' 자가 붙어 있다. 이 보고서는 2023년 7월에 나온 것이라 이미 확정된 확실한 데이터는 2022년 것뿐이다. 왼쪽 중간에 박스로 확대되어 있는 데이터를 보면 2022년에 금융산업이 양자컴퓨팅에 투자한 금액은 8000만 달러, 그러니까 한화로 약 1000억 원 정도다. 해외의 금융회사들이 양자컴퓨팅에 얼마나 진지한지를 여실히 보여준다. 우리나라의 금융회사들도 이제 양자컴퓨터 연구에 관심을 가지기 시작하고 있다.

금융산업에서 양자컴퓨터로 가장 많이 연구하는 활용 사례는 파생상품 가격 결정과 포트폴리오 최적화다. 포트폴리오 최적화는 주어진 자금을 어떤 자산들에 어떻게 나누어 투자해야 위험을 최소화하면서 이익은 최대로 얻을 수 있는지를 결정한다. '달걀을 한 바구니에 담지 말라'라는 증시 격언을 실천하고자 할 때 이런 알고리듬의 추천이 유용할 것이다. 이 밖

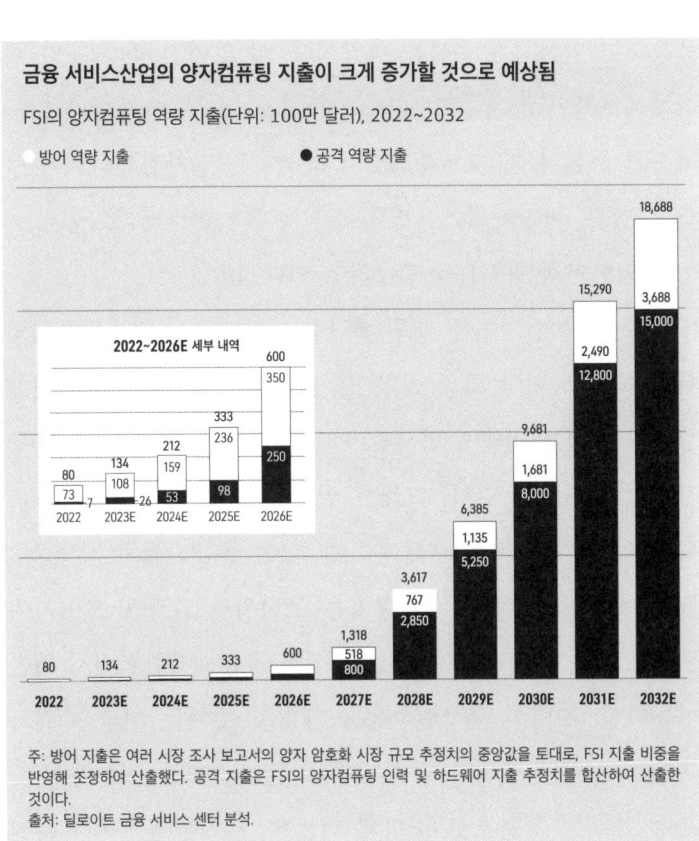

그림 2-18 딜로이트 인사이트의 2023년 보고서.

에 금융산업에서는 자산배분, 외환거래, 위험회피Hedging, 최적 차익거래, 신용평가, 금융위기 예측에 최적화 알고리듬을 적용하고 있다고 한다. 많은 금융사가 양자컴퓨터를 이용해 연구하고 있으나 어떤 회사가 어떤 분야에 어떻게 양자컴퓨터를 응용하고 있는지는 대부분 비밀이다. 잘 알려진 몇 경우만 이야기해보자면 스탠다드차타드은행Standard Chartered Bank이나 노무라증권 등은 투자 포트폴리오의 최적화를 양자컴퓨터로 연구하고 있고, 바클레이즈은행Barclays Bank이나 마스터카드Mastercard 등은 외환거래 최적화를 연구하고 있다.

파생상품의 가격은 매우 복잡한 계산이어서 양자컴퓨터의 빠른 계산 능력이 빛을 발할 수 있는 분야다. 주식이나 파생상품의 가치는 미래에 발생할 예측할 수 없는 변수에 의한 무작위성이 내재해 있다. 그래서 일률적인 예측은 불가능하고, 확률적으로 기대치를 계산해줄 수 있는 몬테카를로 방법Monte Carlo method이 유효하다. 이 방법은 무작위한 과정을 도입하여 문제를 푸는 알고리듬인데, 도박의 도시 몬테카를로에서 따온 이름이다. 도박의 무작위성을 이해하지 못하는 사람은 결국 다 잃기 때문에 도박하면 안 된다. 나는 아는데도 잃는다.

기대치는 적분으로 구하게 되는데, 무작위성을 이용하면 적분 값을 근사적으로 얻을 수 있다. 적분은 면적이나 부피를 구하는 과정에 해당한다. 예를 들어 그림 2-19의 함수 $p(x)$ 아래 면적을 구하려면 이 함수를 어렵게 적분하는 대신 점선과 실선으로 이루어진 사각형 안에 무작위하게 점을 찍은 후, 함수 아래에 찍힌 점의 수와 위에 찍힌 점의 수만 세면 함수 아래의 면적이 사각형 면적의 몇 퍼센트인지 알 수 있다. 점의

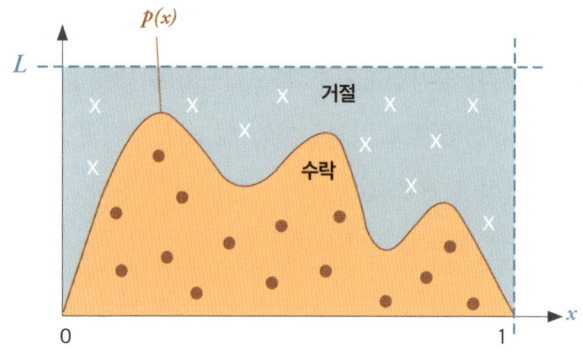

그림 2-19 몬테카를로 방법으로 면적 구하기.

수를 늘릴수록 결과는 점점 정확해진다.

양자컴퓨터로 몬테카를로 방법을 사용하면 고전컴퓨터로 몬테카를로 방법을 사용하는 것보다 빨리 결과를 얻을 수 있을 것으로 기대된다. 이런 확률적 모델 방법은 위험 가치Value at Risk(VAR) 분석이나 신용평가 조정 등에도 유용하다. JP모건JP Morgan, 골드만삭스Goldman Sachs 등은 옵션 가격 예측의 정확도를 높이기 위해 시뮬레이션을 해보고 있으며, HSBC는 신용평가 조정과 규제 비율의 결정에, 스페인 카이샤은행CaixaBank은 VAR 분석에 양자 시뮬레이션을 적용해보고 있다고 한다.

금융산업에서는 다른 산업에서보다 더 양자내성암호, 양자암호통신 등의 보안기술이 요긴하다. 금융산업에서는 또한 양자인공지능도 쓰이고 있다. 카이샤은행 등은 거래 사기 감지,

고객 행동 이상 감지, 고객 신용 채점 등에 양자인공지능을 응용해보고 있다. 양자인공지능 알고리듬들은 대부분 현재 금융에서 사용되고 있는 고전인공지능 알고리듬의 일부를 양자적으로 치환하여 효과를 검증하는 수준에서 연구되고 있다.

양자컴퓨터가 가져올 미래

그림 2-20은 일본 정부에서 양자컴퓨터가 우리 사회를 어떻게 바꾸어놓을지를 알기 쉽게 이해하도록 만든 도식이다. 왼쪽에 경제 성장이라는 주제하에 공장과 물류, 교통이라는 항목들이 나열되어 있는데, 이는 모두 최적화 문제가 적용되는 예들이다. 중간의 사람과 환경의 조화 항목에 나온 생활 서비스와 재난 대응에는 날씨 예보와 재해 예측 등이 있는데 이는 미분방정식을 잘 풀면 얻을 수 있는 능력이다. 오른쪽 삶의 질이라는 주제하에 나열된 항목들, 신약 의료나 재료과학은 분자 시뮬레이션의 응용 분야이며, 금융과 에너지는 최적화가 유용한 분야다.

양자컴퓨터는 단순히 슈퍼컴퓨터보다 빠르다고 생각할 일이 아니다. 슈퍼컴퓨터로 어떤 문제를 푸는 데 150억 년이 걸린다고 하면 그 문제는 풀기가 불가능한 문제라고 할 수 있다.

그림 2-20 일본의 신양자기술 전략이 예측하는 미래.

우주의 나이도 138억 년밖에 되지 않기 때문이다. 이런 문제를 양자컴퓨터가 하루 또는 일주일에 풀 수 있다면 결국 불가능한 난제를 해결한 셈이 된다.

이런 문제의 예로서는 '우주의 시작과 끝은 어떠한가'라든지 '생명이란 무엇인가' 등 큰 질문들이 있다. 나는 누구인가, 나는 어디서 왔고 어디로 가는가 등과 같은 철학적 문제들에 관심이 크다면 양자컴퓨터 공부를 열심히 할 일이다. 인간이 저질러놓고 미래를 두려워해야 할 문제들로는 기후 온난화와 에너지 문제 등을 들 수 있다. 매일 지구촌 곳곳에서 기후변화에 의한 재난이 일어난다. 에너지 문제도 언젠가는 우리에게 피부로 다가올 것이다. 이런 문제들도 미분방정식을 더 잘 풀고 최적화 문제를 더 잘 해결하며 분자 시뮬레이션을 더 잘하게 된다면 더 좋은 해법을 구할 수 있다.

에너지 문제는 시대를 막론하고 늘 손꼽히는 인류의 문제다. 화석연료는 언젠가는 다 떨어질 테고, 친환경 에너지는 인류가 필요한 에너지를 다 충족시키기에는 턱도 없고, 원자력 에너지는 사고 한번 났다 하면 대형 오염이 발생할 것이다. 이런 고민을 한 방에 날려보낼 수 있는 대안이 핵융합이다. 원자력 발전에서는 우라늄 같은 원자가 더 작은 원자들로 쪼개지는 핵분열 과정에서 나오는 에너지를 이용한다. 핵융합은 반대로 수소 원자들이 뭉쳐서 헬륨이 되는 과정에서 나오는 에너지를 말한다. 핵융합은 바로 태양에서 일어나는 현상으로, 태양에너지의 근원이다.

핵융합에너지는 방사능이 나오지 않기 때문에 핵폐기물 같은 오염 요소가 없고, 핵융합 발전소에 사고가 나도 폭발할 위험이 없어 안전하다. 또 원료로 사용되는 수소는 우리 지구에 무한정 있기에 거의 영원히 에너지 걱정은 안 하고 살 수 있다. 이런 꿈의 에너지여서 연구를 많이 하고 있지만, 짐작할 수 있다시피 아직 실용화되지 못했다. 우리나라는 한국핵융합

에너지연구원이라는 전문 연구소도 만들어서 연구할 만큼 핵융합기술에 진지하다.

수소 기체를 고압으로 누른다고 해서 핵융합이 일어나지는 않는다. 핵들은 모두 양전하를 띄고 있어서 서로 밀치는 힘이 워낙 세기 때문에 보통 힘으로 민다고 핵들이 붙지는 않고 1억 도 정도로 온도를 높여주어야 융합이 일어난다. 이런 퀴즈가 있다. "어떤 과학자가 뭐든지 다 녹이는 액체를 발명했다. 그 과학자는 그 액체를 이용해 자신의 범죄 증거물을 완전히 녹여버렸다. 이 세상에서 완전히 사라진 증거물의 흔적을 보면서 그 과학자는 완전 범죄를 이루었다는 회심의 미소를 지었다. 이 이야기에서 무엇이 잘못되었는가?" 답은 뭐든지 녹이는 액체는 담을 그릇이 없다는 것이다. 담을 그릇이 없으니 증거물에 부을 수도 없다. 핵융합에서 바로 이런 일이 일어난다. 1억 도의 온도면 어떤 물질이든지 녹이고, 태우고, 기체로 변화시킨다. 즉 태양같이 높은 온도를 가진 물질을 담을 그릇이 없는 것이다.

과학자들은 이 문제를 이렇게 해결했다. 수소 기체를 뜨겁게 가열하면 수소 원자는 다 전자와 수소핵으로 분리되어 음전하를 가진 전자들과 양전하를 가진 핵들이 섞여 있는 플라스마 상태가 된다. 전하를 띤 물체가 자기장 속에서 움직이면 자기장에 의해 힘을 받는다. 이 성질을 이용해서 전하를 자기장 속에서 가속해 원운동을 하게 만들면 도넛같이 생긴 통 안에서 통의 벽에 닿지 않고 계속 돌게 할 수 있다. 이런 방식으로 플라스마를 가두는데, 그 통을 '토카막tokamak'이라고 부른다.

그릇 문제를 해결했으므로 이제 온도만 1억 도로 올릴 수 있으면 된다. 물체의 온도를 1억 도로 높이기란 여간 어려운 일이 아니나, 일단 플라스마의 어느 한 부분이라도 그 온도에 도달해서 핵융합이 시작되기만 하면 에너지가 발생해 온도는 알아서 더 높아질 것이다. 마치 탁 하고 점화를 시킨 것처럼 핵융합이 전체 플라스마에 퍼질 거라고 기대할 수 있다. 일단 핵융합이 시작되면 수소만 계속 주입해주는 것만으로 핵융합은 지속될 수 있다.

그림 2-21 도넛 모양으로 생긴 토카막.

그래서 20여 년 전 우리나라에서 핵융합 연구가 처음 시작되었을 때는 1억 도에 도달할 수만 있다면 핵융합 발전소를 세울 수 있는 줄 알았다. 그런데 그게 아니었다. 한국형 초전도 핵융합연구장치(KSTAR)가 처음 1억 도에 도달시킬 때는 심지어 플라스마가 점화되고 나면 수소폭탄 터지듯 폭발하는 것은 아닐까 우려하기도 했었는데, 폭발이 아니라 금세 꺼져버렸다. 플라스마는 유체라 융합이 시작되면 쉽게 와류가 발생해 벽에 닿기 일쑤였기 때문이다. 플라스마가 벽에 닿으면 플라스마는 식고 벽은 손상된다. 그래서 플라스마 핵융합은 앞으로도 50년은 지나야 실용화될 것이라고 하는데, 그런 이야기는 30년 전에도 했었다.

플라스마의 거동을 예측하려면 유체역학 방정식, 전자기학 방정식에다가 열역학 방정식까지 동시에 풀어야 한다. 이 방정식들은 한 가지도 제대로 풀기가 어려워서 고온 플라스마를 시뮬레이션하는 것은 컴퓨터에게 매우 버거운 일이다. 미분방정식을 풀 수 있는 양자컴퓨터가 나오면 이 문제를 해결하는데 크게 도움이 될 것이다. 시뮬레이션을 잘한다고 해서 핵융합로 제작에 따르는 실질적인 문제가 모두 해결되는 것은 아니므로 양자컴퓨터가 나오면 인류의 에너지 문제가 다 해결될 것같이 말한다면 그것은 과장이다. 그렇지만 매우 큰 도움이 될 것임은 틀림없다.

우리 인간에게 가장 절실한 문제는 죽음이다. 죽음과 내세는 모든 종교의 바탕이 되는 화두다. 죽지 않는다면 누가 종교를 믿겠는가. 인류 최초의 서사시라는 『길가메시 서사시』에도 영생을 얻으려는 이야기가 나온다. 나는 불멸이나 영생은 진시황의 불로초 설화에나 나오는 이야기인 줄 알았는데 제도권에서 연구하는 주제라는 것을 알고 깜짝 놀랐었다. 생물학계에서는 노화와 노화 역전에 관한 연구를 하고 있다.

'인생칠십고래희人生七十古來稀'라는 옛말이 있다. 옛날부터 일흔 살까지 사는 사람은 드물었다는 뜻이다. 요즘은 장례식장에 가보면 고인이 아흔이 넘은 경우를 심심치 않게 보게 되고 100세 넘게 사시는 유명한 철학가도 있으니 이제는 '인생백고래희人生百古來稀'로 옛말이 바뀌어야 할 세상이 되었다. '인생칠십고래희'라는 말이 100년 전 조선 시대에나 통용되던 말이라고 해도 지난 100년간 평균 수명이 30년 정도 늘어난 것이니 1년에 0.3년씩 평균 수명이 늘어난 셈이다. 평균 수명이 꾸준히 늘어난 것은 아니고 아마도 최근에 급격히 늘어났을 것이다. 이런 추세로 가다가 만일 평균 수명이 1년에 1년 이상 늘어나는 세상이 온다면, 그것은 결국 죽지 않는다는 뜻이다. 우리 모두 조금만 더 버티면 영생을 누릴 수 있다!

농담같이 이야기했지만, 생물학에서는 이런 시점에 'escape velocity'라는 이름까지 붙여놓고 연구를 하고 있다. escape velocity는 원래 물리학에서 우주선이 지구를 탈출할 수 있는 속도를 의미한다. 속도가 느린 우주선은 지구의 중력을 이기지 못하여 발사 후 다시 지구로 돌아올 수밖에 없다. 즉 땅에 떨어진다. 수명이 늘어나는 이유는 여러 가지가 있다. 가장 큰 이유는 백신과 항생제가 개발되어 병으로 사망하는 경우가 줄어들기 때문일 것이고, 자동차 부품 갈 듯이 우리 몸에서 '손상된 부속을 갈아 끼우는' 장기 교체도 이바지할 것이다. 그리고 또 하나의 이유는 바로 노화 역전이다.

암이나 치매, 당뇨병 등은 대표적인 노화성 질환이라고 한다. 늙으면 이런 병들이 잘 생기는데, 그렇다면 이런 병들을 치료하면 노화가 역전될 수도 있는 것 아닐까? 메트포르민metformin이라는 당뇨병약이 있는데, 이 약을 임상 시험 하는 과정에서 복용한 환자들이 이구동성으로 젊어진 기분이 든다고 했다 한다.[13] 그래서 쥐에게 이 약을 실험했고, 그 결과 노화가 역전되는 효과가 관찰되었다. 우리는 늙었는지 아닌지를 외모로 판단하지만, 생물학계에서는 10가지 남짓의 지표를 정해서 정량적으로 늙은 정도를 판단한다. 예를 들어 유전자의 끝에 붙어 있는 텔로미어telomere는 세포가 분열할 때마다 길이가 줄어들기 때문에 노화의 한 지표로 사용된다. 메트포르민의 쥐 실험에서는 몇 가지 노화 지표가 거꾸로 갔다는 것이다.

이쯤 되면 당연히 사람에게도 시험을 해봐야 하는데, 인간에게 하는 임상 시험은 질환에만 가능하다고 한다. 그런데 노화는 병으로 정의되어 있지 않기 때문에 임상 시험을 할 수 없어서 현재 규정을 개정하는 중이라고 한다.

양자컴퓨터가 나오면 이런 문제를 해결할 수 있다. 양자컴퓨터로 당뇨병약 분자가 다른 분자와 결합을 하는 기전을 정확히 이해하고 나면, 당뇨병의 기작과 암세포의 신진대사에 선별적으로 작용하는 분자를 만들어낼 수 있다. 앞으로 20년 정도 더 버틸 수 있는 사람들은 양자컴퓨터 덕에 영생을 얻을지도 모른다. 아무에게나 이런 기회가 오는 것은 아니고 부자부터 차례가 올테니까 이를 대비해 돈을 좀 많이 벌어두는 것이 좋다.

양자기술이 가장 많이 바꾸어놓을 분야는 국방과 전쟁이다. 군대에서 쓰는 통신은 무선, 유선 모두 결국은 양자암호통신으로 바뀔 것이다. 양자센서가 달린 레이더가 스텔스를 잡아내거나 엄폐물 뒤에 숨은 적을 찾아내고, 인공위성 카메라의 해상도는 계속 좋아져서 문자 그대로 개미 새끼 한 마리도 찾아내게 될 것이며, 잠수함은 물 위로 뜨는 일이 없어 찾을 수 없을 것이다. 그런데 이런 무기의 개선보다도 더 중요한 변화는 컴퓨팅 능력의 향상에 따른 전쟁과 전투 양상의 변화다.

미래의 전쟁에서는 인간이 사라지고 인공지능을 탑재한 로봇들끼리 싸우게 될 것이 분명하다. 인공지능을 탑재한 로

봇 전투병, 유인기보다 훨씬 빨리 가속할 수 있는 무인 비행기, 무인 탱크들은 이미 개발되어 있다. 우크라이나와 러시아의 전쟁만 보아도 2차 대전 때 익숙한 참호전이나 백병전 등은 이미 보이지 않고 자율 드론이 주 무기로 등장했다. 드론들이 총도 쏘고 폭격도 한다. 이 드론들은 멀리서 인간이 컴퓨터 화면을 보면서 조종하고 있을 것이다.

컴퓨터게임 선수가 우상화되는 모습을 보면서 책상에 앉아 키보드를 손가락으로 잘 조작하는 능력만을 키우는 젊은이들이 한심했는데, 지금 생각해보니 그게 아니었다. 게임에서 전투 부대 다루기에 익숙한 고수들은 실제 드론 부대도 똑같이 익숙하게 다룰 수 있을 것이다. 프로게이머 임요한이 잘하는 스타크래프트 같은 전투 게임을 보면 갑옷을 입은 전투병이 수십 명씩 나온다. 나 같은 초보자는 서툴러서 모든 전투병에게 같은 명령을 내리지만, 고수들은 여유 있게 작은 단위로 나누어서 각각 독립적인 명령을 내린다. 근미래의 전투에서 드론 부대끼리 싸운다고 하면 수백 개의 드론에 그냥 '공격'이라는 한 가지 명령을 내릴 여유밖에 없는 하수보다는 각각의 드론에 상황에 맞게 따로따로 명령을 내려 학익진도 펼치고 배수진도 펼칠 수 있는 고수 지휘관이 더 유리할 것임은 자명하다. 중국에서 수천 대의 드론으로 환상적인 쇼를 펼치는 모습을 보면서 중국이 저런 기술을 발전시키는 저의가 오락에만 있지 않을 것으로 생각하는 사람이 나만은 아닐 것이다.

그러나 게임 선수들이 아무리 판단이 정확하고 손가락 움직임이 빠르더라도 이 게임을 운영하는 컴퓨터를 상대로 이길 수는 없다. 실시간으로 벌어지는 드론 부대 간 전투도 컴퓨터에 맡기면 훨씬 더 잘할 수 있다. 컴퓨터에 아군과 적군 드론의 능력과 규모, 그리고 움직임을 알려주면 가장 효율적인 전투 방법을 찾아내 수행할 것이며 적군의 지휘 능력을 고려해 이 전투의 결과까지 알려줄 수 있을 것이다.

전쟁이 일어나면 사령관은 내 군대의 보병과 탱크, 비행기, 함선 등의 특성을 살려 배치하고 서로 보조를 맞추어 잘 움직이게 작전을 짜야 한다. 지휘관의 능력에 따라 전쟁에서 이길 수도 있고 질 수도 있다는 사실을 우리는 역사에서 수도 없이 배웠다. 현대의 군대에서는 전쟁과 전투를 시뮬레이션하는 워게임을 많이 한다. 시뮬레이션을 해보면 내 군대로 펼칠 수 있는 가장 효율적인 작전도 알게 되고 우리 군의 취약점이 어디인지, 어떻게 보강해야 하는지도 알게 될 것이다. 전투의 모든 요소를 다 파악하고 전쟁을 시뮬레이션해줄 수 있는 컴퓨터는 결정도 아무 감정 없이 하므로 실제 전쟁 지휘도 인간 사령관보다 냉정하게 잘할 수 있다.

문제는 전쟁의 모든 요소를 인간보다 더 많이 검토할 만큼 용량이 충분한 컴퓨터가 있느냐다. 워게임 시뮬레이션은 컴퓨터 계산 능력의 제약 때문에 무한히 실제와 같게 정밀화할 수는 없으므로 사용할 해상도의 한계를 정해야 한다. 얼마나 정밀한 지도를 사용할 것인지, 비행기의 종류는 얼마나 세분화할 것인지, 보병은 대대 단위로 배치할 것인지 연대 단위로 배치할 것인지 등등을 정해야 한다. 단위를 작게 할수록 실제 전투와 더 유사할 것이다. 그러나 계산 시간이 오래 걸린다. 한가할 때 시뮬레이션을 해볼 수는 있지만 실시간으로 사용할 수는 없으므로 당분간 실제 전쟁에서 인간 사령관을 대체하기는 어려울 것이다. 드론 부대의 전투 같은 국지전을 지휘할 수는 있겠지만 전쟁을 지휘할 수는 없다.

양자컴퓨터가 나오면 이야기는 달라진다. 양자컴퓨터의 병렬처리는 해상도가 높은 워게임을 실시간으로 수행하여 전쟁 능력을 퀀텀 점프시킬 수 있다. 워게임을 잘하는 양자컴퓨터는 로봇 전투병, 무인 전투기, 드론, 무인 전차들을 지휘하여 적군과 싸우게 될 것이다. 우리 인간이 목숨을 걸고 하는 전쟁은 양자컴퓨터가 로봇을 데리고 하는 게임이 되어버린다. 물론 양자기술이 발달한 선진국 간의 전쟁일 때의 이야기고, 양자기술이 없는 나라는 상대도 할 수 없다. 양자컴퓨터 덕분에 계산 능력이 아주 좋아지면 전쟁을 하기 전에 상대방과 나의 전력을 정확히 입력해서 내가 이길 수 있는지 없는지도 알게 되므로 전쟁할 필요가 없어질 수도 있다.

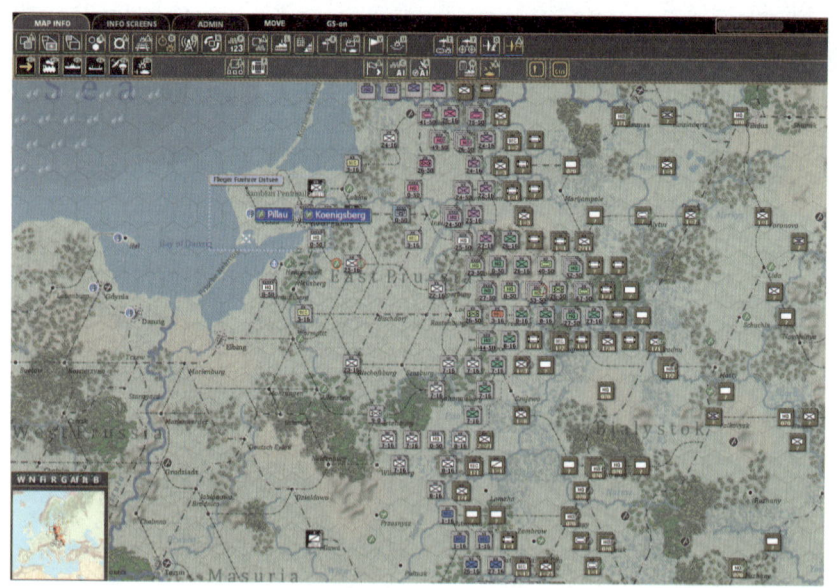

그림 2-22 워게임. 미래 실제 전쟁의 모습이 된다.

우리가 보통 인터넷이라고 부르는 월드 와이드 웹world wide web(WWW)은 지금부터 30여 년 전인 1990년대에 시작되었다. 당연히도 그 이전에는 이메일도 웹사이트도 없었다. 그 시절을 상상할 수 있는가? 우리나라에서 스마트폰을 사용하기 시작한 것은 20년도 되지 않았다. 지금은 인터넷과 휴대전화도 없이 도대체 사람들이 뭘 하며 살았는지 상상이 가지 않지만, 그 시절에도 사람들은 멀쩡하게 인생을 즐기면서 잘 살았다. 지금 그 시절을 상상하기 어렵듯이 그 시절에는 30여 년이 지나 인터넷과 스마트폰이 지금과 같이 우리 일상 곳곳에 침투

하여 하루의 모든 활동을 지배하게 될지 몰랐다. 양자컴퓨터도 비슷하다. 여기서 몇 가지 예를 들어보았지만, 양자컴퓨터가 우리의 일상을 어떻게 바꾸어놓을지 지금 정확히 예측하기는 불가능하다. 무엇을 상상하든 그 이상을 볼 것이라는 명대사가 딱 맞는 경우라고 생각된다.

양자기술이 우리의 미래를 바꾼다면 제일 먼저 드는 궁금증이 그 시기가 과연 언제 오겠는가 하는 것이다. 엔비디아의 젠슨 황 Jensen Hwang CEO가 양자컴퓨터는 20년은 지나야 실용화될 것이라고 이야기하자 관련 주가가 폭락했다. 그러자 양자컴퓨터 회사 CEO들은 2025년에 당장 양자컴퓨터가 실용화될 것이라고 반박하고 나섰다. 상반된 주장이 난무하여 갈피를 잡기 어려운 상황이다. 양자기술은 현재 어떤 발전 단계에 와 있는 것일까? 그리고 우리나라의 양자기술 수준은 세계 수준과 비교하여 어느 정도나 될까?

두 번째로 궁금한 점은 양자컴퓨터는 여러 가지 방법으로 만든다는데, 여러 가지 양자컴퓨터 중에서 과연 어떤 형태의 양자컴퓨터가 최후 승자가 될 것인가 하는 것이다. 우리의 미래를 완전히 바꿀 정도의 기술이라면 미리 주식을 사두고 싶은데 대체 어느 양자컴퓨터 회사 주식을 사야 하는가? 전문가들 사이에서도 의견이 갈리는 이런 질문들에 답을 얻으려면 양자기술 개발의 현황에 대해 알고 스스로 판단하는 수밖에는 없다.

3부

양자기술의 현재

5장

양자기술의 투자 지형도

투자 현황

어떤 학생이 수학 시험에 '다음 등식을 증명하시오'라는 문제를 보고 '이 등식이 맞음을 보증함. 도장 쾅'이라고 답안지에 썼다는 이야기가 있다. 양자컴퓨터가 정말로 환상적인 능력을 갖췄으며 언젠가는 만들어진다는 점을 과학적으로 충분히 논할 수 있다. 하지만 독자들이 읽기에는 골치 아플 것이다. 과학적인 증명보다는 권위 있는 단체들이 양자기술을 어떻게 바라보고 있는지를 통해 우선 그 미래를 간접적으로 가늠해보도록 하자.

매킨지, 딜로이트 인사이트, 보스턴컨설팅그룹BSG, 가트

그림 3-1 양자기술에 대한 2024년 세계경제포럼의 보고서.

너Gartner 등 권위 있는 조사 기관들의 보고서는 공통적으로 양자기술의 실현을 당연한 것으로 가정하고 있다. 세계경제포럼에서는 2024년 9월 양자기술에 대한 보고서를 냈다. 앞서 2015년 UN에서는 지속 가능한 개발 목표Sustainable development goal(SDG) 17가지를 선정했는데, 세계경제포럼의 보고서는 이와 연관해서 이렇게 결론을 내렸다. "우리는 후손에게 지속 가능한 개발 목표에 대한 확실한 방안을 마련해주어야 한다. 이를 위해 양자기술에 최우선 순위를 두고 투자해야 할 시점이다."

그림 3-2를 보자. 우리나라를 비롯해 거의 모든 나라가 양자컴퓨터에 대한 관심을 꺼버려 겨울의 한가운데에 머물러 있던 2008년에, 미국은 이미 양자 정보 기술 개발에 대한 국가비전을 발표했다. 이로부터 7~8년이 지나자 영국, EU, 중국, 일본 등도 뒤따라 전략, 발전 계획, 성명서, 플래그십flagship 프로그램 등을 경쟁적으로 발표했다. 플래그십은 말 그대로 깃발을 꽂은 배, 즉 대장 배를 말한다. 플래그십 프로그램이란 그 나라를 대표하는 사업을 뜻하며, 우리나라도 예산 규모가 커서 2025년 예비 타당성 적정성 심사를 받은 양자기술사업에 이 이름을 붙였다.

우리나라도 이제 가만히 있을 수 없는 분위기라 드디어 2019년부터 본격적인 투자를 시작했다. 양자기술을 12가지 국가전략기술 중 하나로 지정하고, 급한 대로 투자부터 시작했

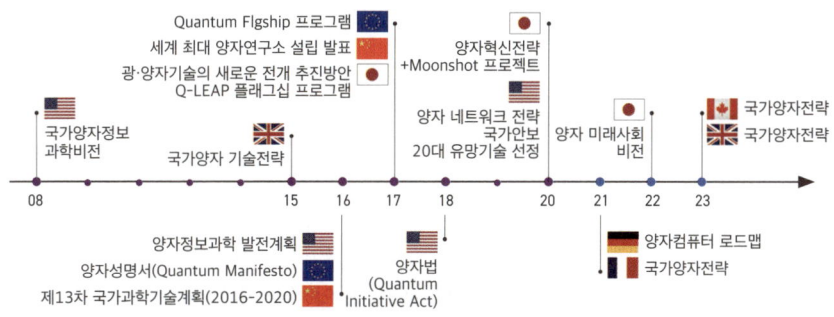

그림 3-2 주요국 양자기술 연구개발 전략 현황.

5장 양자기술의 투자 지형도

다. 그 후 2021년에 처음으로 양자기술 연구개발 투자 전략을 세웠다. 2023년에는 양자기술 비전이 발표되었고, 2024년에는 양자 이니셔티브, 즉 진흥 계획이 또다시 발표되었다. 이렇게 1년이 멀다 하고 정책이 자꾸 발표되는 이유는 새 정권과 공무원들에게 뭔가 구호가 필요해서이기도 하지만, 최근 들어 양자기술의 경쟁이 세계적으로 급박하게 전개되고 있기 때문이다. 우리나라만이 아니고 다른 나라들도 몇 년에 한 번씩 수정된 양자 정책을 발표하고 있다.

투자 전략, 비전, 이니셔티브 등으로 수정된 정책이 나올 때마다 점차 더 강조되어가는 항목 중의 하나는 산업화다. 양자기술 개발은 국민의 세금, 사기업의 경우에는 투자자들의 주머니에서 나온 돈으로 하는 것이다. 정부나 양자 업계로서는 양자기술을 이용한 신산업이 형성되는 모습을 가능한 한 빨리 보일 필요가 있다. 양자컴퓨터 개발 업계에서는 벌써 몇 년간 장밋빛 미래를 약속하며 개발 투자비를 받았기 때문에 양자 이득quantum advantage이 조만간 실현되지 않으면 양자기술 개발에 겨울이 올지도 모른다는 암묵적인 공감대가 있다. 양자 이득이 실현되었다는 것은 고전컴퓨터보다 더 나은 양자컴퓨터가 더 개발됐다는 뜻이다. 양자컴퓨터의 쓸모를 보여주고 산업화되는 모습을 보여주지 못하면 양자통신, 양자센서까지 도매금으로 같이 넘어가 양자기술 전체가 침체할까 우려하는 것이다. 그래서 업계에서는 다소 과장해서 양자 이득의 실현을 발표하는 듯한 모습도 보인다. 이것은 물론 우리나라만의 이야기가 아니고 전 세계가 공감하고 있는 부분이다. 양자 이득 실현은 현재 양자기술 전체의 화두다.

그림 3-3은 2021년 말에 나온 매킨지 보고서에 실린 각국 정부의 양자기술 연구개발 자금 규모다.[14] 단위는 10억 달러다. 우선 가장 먼저 눈에 띄는 것은 중국이 13억 달러를 투자하는 미국보다도 단위가 하나 더 크게 투자하고 있다는 점이다. 20년 전에는 우리와 비슷한 수준이었던 중국이 지금 양자기술 세계 2위권으로 도약할 수 있었던 주된 이유는 이런 적극적인 투자다. 그런데도 중국이 미국을 제치고 선두로 나서기는 쉽지 않을 것으로 예상되는데, 미국에서는 정부 투자보다도 더 큰 규모로 사기업 투자가 이루어지고 있는 데 반해, 중국은 관 주도의 연구개발만이 있기 때문이다. 양자기술의 발전에 있어 가장 중요한 요소는 IBM과 같은 기업의 참여다. 이 당시 우리나라는 5년간 약 2000억 원, 그러니까 이 그림의 단위로 보면 0.2 정도 되는 투자를 하고 있었으므로 맨 아래에 들어갈 만한 수준이었다. 이 분야 연구개발에 있어 세계적인 지명도가 없어서 데이터에 포함되지도 않았다.

양자기술의 발전에는 기업의 참여가 중요한데, 우리나라의 대기업들은 양자컴퓨터의 개발에 지금 뛰어드느니 나중에 개

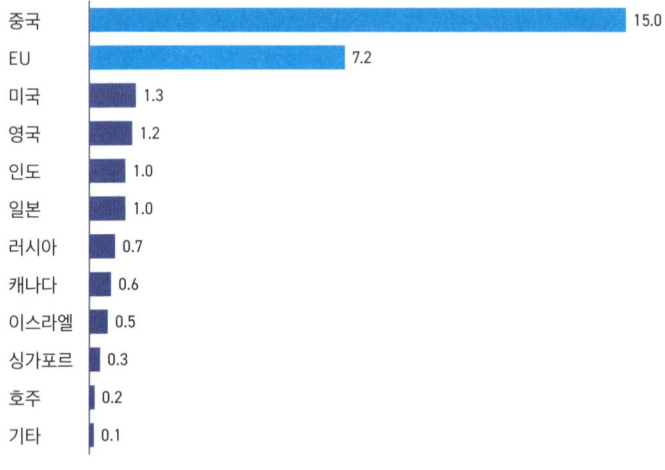

그림 3-3 각국 정부의 양자기술 연구개발 지원 규모(2021년 매킨지 보고서).

발되고 나면 그 기술을 돈 주고 사 오면 된다고 생각하는 듯하다. 그러나 양자컴퓨터기술은 그렇게 되지 않을 수도 있다. 양자기술은 미중 기술패권 경쟁 항목 중 하나로서, 미국이 친중국 국가로의 기술 수출을 금지하는 품목 중에 포함해놓았다. 실용적인 양자컴퓨터가 개발되면 우리 같은 우방에게야 사용하게는 해주겠지만 기술을 팔 것인지는 장담할 수 없다.

2024년에 연세대에 들어온 IBM의 양자컴퓨터에는 IBM 관계자 외에는 아무도 접근하지 못하게 되어 있다. 그 양자컴퓨터를 어떻게 사용할 것인지는 임대계약을 한 연세대가 결정하는데, 하드웨어에 접근하지 못한다면 우리로서는 해외에 있는 양자컴퓨터 한 대를 임대한 것이나 다름없다. 우리나라 국방부나 기업들이 해외의 양자컴퓨터 사용을 꺼리는 이유는 국방이나 기업 비밀이 새나가기 때문이다. 기업들이 인공지능을 써도 자체 폐쇄 네트워크 안에서만 사용하는 것도 보안 유지 때문이다. 그런데 연세대의 양자컴퓨터 관계자에 따르면 데이터는 해외에 반출되지 않으며 안 그래도 국방부나 기업에서 많은 문의가 있다고 한다. IBM 양자컴퓨터의 예는 앞으로 이 분야에서 벌어질 국제 판도의 한 단면을 보여주는 듯하다.

그러므로 양자컴퓨터 하드웨어는 아무리 뒤처져 있어도 개발하긴 해야 한다. 그런데 하드웨어 개발은 선진국의 추격이지만 우리나라가 선도할 수 있는 분야가 있으니 바로 소프트웨어다. 양자 정책이 수정되면서 산업화와 함께 점차 더 강조되는 두 가지 항목 중 하나로, 산업화와 밀접한 관련이 있다. 아직 쓸 만한 하드웨어가 없는 마당에 알고리듬이나 소프트웨어의 개발은 공허하여 그간 크게 발달하지 않았다. 소프트웨어 개발은 공무원들이 좋아하는 '선도'라는 단어를 붙일 수 있다는 장점도 있고, 소프트웨어 시장이 결국에는 하드웨어 시장을 능가할 것이라는 기대가 크다. 우리가 지금 사용하는 개인용 PC도 처음에는 하드웨어 회사가 큰돈을 벌었지만, 지금은 마이크로소프트가 가장 많이 벌지 않는가.

우리나라는 2023년에 양자진흥법*도 제정했는데, 양자법 제정은 전 세계에서 미국에 이어 두 번째다. 여야 모두 양자기술 개발의 중요성에는 이견이 없어 만장일치로 통과했다. 법에는 양자기술의 진흥을 위해 정부와 관계 기관이 이행해야 할 여러 사항이 규정되어 있다. 예를 들어 2025년 3월에는 이 법에 따라 양자전략위원회라는 컨트롤타워가 생겨 그동안 부처들이 제각각 실행했던 연구개발 투자를 거국적인 차원에서 조정하여 효율적으로 수행할 수 있게 되었다……고 믿고 싶다.

우리나라의 2025년 양자기술 연구개발 예산은 약 2000억 원이다. 이는 2024년보다 60%가량 늘어난 예산이며 2024년에 이공계 연구비가 전체적으로 삭감될 때에도 양자 분야 예산은 거의 줄지 않았다. 또한 2025년에는 양자기술 플래그십 프로젝트가 예비 타당성 적정성 심사를 통과하여 여기에 8년간 약 8000억 원의 예산이 추가로 편성되었다. 연 1000억 원 규모다. 그러므로 양자기술 연구개발 예산은 연 3000억 원에 달한다. 우리나라의 핵심 양자 정보 전문가가 300여 명으로 추산되니 한 사람당 한 해에 10억 원 가까이 되는 큰 금액이다. 양자기술 개발에 대한 우리 정부의 분명한 의지를 볼 수 있다.

- 공식 명칭은「양자과학기술 및 양자산업 육성에 관한 법률」, '양자기술산업법'이라고도 한다.

과학기술정보통신부(이하 과기정통부)는 2023년 발표한 「대한민국 양자과학기술 전략」에서 2035년까지 정부 자금 2조 4000억 원, 민간 자금 6000억 원, 이렇게 합해서 3조를 투자한다고 밝혔다. 2024년에 나온 매킨지 보고서에는 이러한 사실이 반영되어 한국의 투자 규모가 5위를 차지하고 있다(그림 3-4).[15] 2021년의 자료에서는 유럽 전체를 뭉뚱그려서 데이터를 냈고 2024년의 자료에서는 한 나라씩 따로따로 데이터를 냈다. 2024년의 자료에서는 한국의 투자가 많이 늘었다는 친

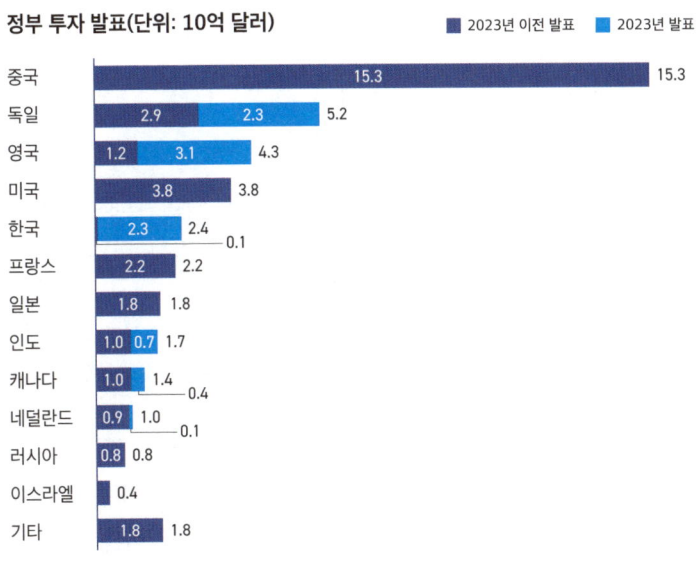

그림 3-4 각국 정부의 양자기술 연구개발 지원 규모(2024년 매킨지 보고서).

절한 분석까지 곁들였다.

　한국연구재단은 연구개발비를 지원하는 국내 기관 중 규모가 최대다. 1년에 약 10조 원에 달하는 연구개발 자금을 학교, 연구소, 산업계에 지원하고 있다. 양자기술 연구개발 자금도 한국연구재단이 가장 많이 지원한다. 이 연구재단이 지원하는 사업 중에 '양자컴퓨팅 기반 양자이득 도전 연구'라는 것이 있다. 기업과 연구팀이 컨소시엄을 형성하여 산업 현장의 문제를 양자컴퓨터로 풀어보라는 사업으로서, 1년에 10억 원이나 준다. 이 사업에서 양자 이득이 실증되면 물론 좋겠지만 현실적으로는 아직 어렵다는 사실을 연구재단도 알고 있다. 그렇다 해도 양자 이득을 실증하려 노력하는 과정에서 기업들이 양자기술을 접하여 미래 기술에 대한 시야를 넓히기를 바라는 것이다.

　우리나라 과기정통부가 진행하는 국제 협력 중에 과학기술공동위원회(이하 과기공동위)라는 게 있다. 외국의 과기정통부와 과학기술 의제에 대해서 국가 간 협의를 진행하는 회의다. 이 위원회에서 요즘 단골로 등장하는 주제가 양자기술이다. 각국과 원래 격년으로 열기로 협정을 맺고 있는데, 2023년에는 코로나로 그동안 열리지 못했던 과기공동위 회의가 한꺼번에 진행되었다. 나는 한국연구재단의 양자기술단에서 근무하는 동안 스위스, 덴마크, 미국, 프랑스, 일본 등 10여 개 나라와의 과기공동위에 참여하고, 이 밖에도 국제 간담회나 양자 회담 등에 참가하느라 정신이 없었다. 여기서 말하는 양자 회담의 '양자'는 쌍방이라는 의미의 양자가 아니고 퀀텀의 양자를 말하는 것이다. 어느 때는 회담에서 이 단어가 나오면 어떤 의미인지 헷갈리기도 했다. 우리나라 말은 입양되는 자식도 '양자'라고 불러서 더욱 헷갈린다. 우리나라의 적극적인 투자 규모와 함께 이런 국제적인 협력 활동 덕분에 우리나라 양자기술의 국제적 지명도가 짧은 시간에 높아졌다. 이러한 우리나라와 전 세계 정부의 태도를 보면 양자기술에 대해 무척 진지함을 알 수 있다.

전 세계가 양자기술의 개발에 공조하는 이유는 이 기술이 어느 한 나라가 독자적으로 개발하기에는 너무 어렵기 때문이다. 양자컴퓨터만 해도 냉동기나 저소음 앰프, 패키징 등 주변 기술이 많이 필요하고, 양자컴퓨터를 만드는 양자계도 초전도, 이온덫, 광 등 여럿이 경쟁하고 있어 아직도 갈 길이 멀다. 이 와중에 미중 패권 경쟁 때문에 진영이 둘로 나뉘어 서로 정보를 공유하지 않으니 더 어렵다.

우리나라의 지방자치단체(이하 지자체)들도 양자기술의 개발에 관심이 크다. 놀랍게도 우리나라에서는 강원도가 가장 먼저 양자기술의 연구개발에 관심을 가졌다. '감자 대신 양자로'라는 야심 찬 캐치프레이즈까지 만들었다고 한다. 양자산업

활성화를 위한 세미나도 개최하고 대학도 후원하며 인력도 모으는 등 여러 가지로 애를 썼다. 그러나 강원도에는 양자기술에 관한 아무런 기반이 없어 기술 개발 과정이 그야말로 맨땅에 헤딩하는 상황이었고, 고생을 한 만큼 성과가 없어 보여 안타깝다. 양자기술을 시작하려면 연구 시설이나 연구자가 있어야 하는데 강원도에는 둘 다 없었기 때문이다.

양자기술 개발에 기반이 가장 잘 갖춰진 도시는 서울과 대전이다. 서울에서는 SKT가 양자통신의 개발 초기인 20여 년 전부터 관심을 가지고 연구개발을 해왔으며, 한국과학기술연구원(KIST)이 양자통신을 중심으로 연구개발을 해온 지 오래다. 그리고 알다시피 서울은 대학교가 가장 많이 밀집해 있는 도시라 양자기술을 연구해온 학자들이 국내에서 가장 많다. 서울시의 양자 정책 수립에는 KIST와, 서울시가 세운 서울시립대학교의 전문가들이 함께 제대로 자문해주고 있다.

대전에는 대학교로 카이스트가 있고 대덕연구단지가 있어 양자기술 개발의 기반이 튼튼하다. 대덕연구단지 내 국립연구소 중에는 한국표준과학연구원(KRISS)과 한국전자통신연구원(ETRI), 한국원자력연구원(KAERI)이 양자기술의 하드웨어 개발에 관여하고 있으며, 한국과학기술정보연구원(KISTI)은 양자 소프트웨어 개발의 중심 역할을 하고 있다. 한국표준과학연구원에서는 양자 정책에 관련된 센터들과 함께 50큐비트 초전도 양자컴퓨터 개발을 맡고 있어 국내 양자기술 개발에 중추적 역할을 하고 있다. 이 연구소들과 카이스트가 대전시의 양자 정책을 자문하고 있다.

서울과 대전을 제외한 나머지 지자체들은 맨땅에 헤딩하기로는 강원도와 비슷한 처지였는데, 최근에 조금씩 차이가 나타나고 있다. 인천 송도에 있는 연세대 국제캠퍼스가 IBM의 양자컴퓨터를 설치하고 이를 바이오산업과 연관시키자, 인천광역시는 여기에 캠퍼스 옆에 있는 바이오특화단지와 연계하여 모양이 그럴듯한 양자산업 정책을 표방하고 있다. 부산도 역시 양자기술에 관한 한 아무것도 없기는 마찬가지였지만, 매우 적극적으로 힘을 쏟고 있다. 양자컴퓨터 연구 복합건물 건설 계획도 세우고, 지자체 내 중소기업이 국가 양자컴퓨터 사업 과제에 선정되도록 지원하기도 한다. 선정된 기업이 해외의 양자컴퓨터 사용을 승인받지 못하자, 시市가 캐나다의 해당 양자컴퓨터 회사를 직접 방문하여 해결해주기도 했다. 세종시와 경상북도도 적극적이며, 충청북도는 국내 최초로 누구나 만져볼 수 있는 교육용 양자컴퓨터를 도입하여 충북대학교에 설치했다.

개발 현황

양자통신은 실용화된 지 오래다. 광섬유를 통한 양자암호 키분배기는 이미 2000년대 초반에 회사가 설립되어 판매가 시작됐다. 지금은 전 세계적으로 100개 가까운 회사가 있으며, 우리나라에도 양자통신 전문 스타트업들이 있다. 중국은 이미 2017년에 인공위성을 이용하여 중국과 유럽의 기지국 간 양자통신을 성공시키는 등 현재 양자통신 분야에서는 가장 앞선 것으로 보인다. 우리나라는 양자통신의 초창기부터 연구소들이 개발에 관심을 가졌으며 특히 기업이 참여해왔기 때문에 기술 수준이 높다. 또한 우리나라는 양자통신의 표준화를 선도하려 하고 있어서 심지어 은근히 미국의 견제를 받는 상황이다.

우리나라에는 이미 양자통신망이 전국적으로 깔려 있어서 양자암호나, 그 밖의 양자기술을 검증하는 테스트베드로 사용되고 있다. 물론 우리만 이런 테스트용 양자통신망을 가지고 있는 것은 아니고 전 세계 양자기술 선진국들은 비슷한 망을 다 가지고 있다.

양자통신이 제대로 실용화되려면 큰 기술적 장벽 하나를 넘어야 하는데, 바로 '리피터repeater'라고 불리는 중계기다. 우리가 동영상을 내려받을 때 사용하는 초고속인터넷은 광통신을 사용하는데, 빛이 광섬유를 지나면서 세기가 점차 약해지기 때문에 중간중간에 중계기를 설치해 신호를 증폭시킨다. 양자통신에는 광자를 한 개씩 사용하기 때문에, 전자공학적으로 표현하자면, 신호가 대단히 미약하다. 광섬유를 통해서 신호가 갈 수 있는 거리는 수십 킬로미터 정도다.

그러므로 양자통신에서는 신호 증폭의 필요성이 고전 광통신에서보다 더 크다. 신호 증폭이란 양자기술적으로 말하자면 같은 광자를 여러 개 복제해내는 일이다. 그런데 양자 세계에서는 양자 상태의 복제가 불가능하다. 이는 중첩된 양자 상태를 측정하면 어떤 결과가 나올지는 확률적으로만 알 수 있다는 양자물리의 기본 가설에서 유래한다. 예를 들어 A 상태와 B 상태가 3대 7로 섞인 중첩 상태가 있다고 하자. 이 중첩 상태가 A, B의 3:7 비율 중첩인지 어떻게 알 수 있을까? 우리가 물체의 상태에 대해 알 수 있는 방법은 측정뿐인데, 이 중첩 상태를 측정하면 A 상태나 B 상태가 나올 뿐이지 두 가지 상태가 중첩되어 있는지, 중첩되어 있다면 어떤 비율인지 알 도리가 없다. 만일 양자 상태의 복제가 가능해서 이 중첩 상태를 수없이 복제해서 측정한다면 A와 B 상태가 3:7의 비율로 측정되어 나오므로 우리는 이 중첩 상태에 대해서 완벽하게 안다고 할 수 있을 것이다. 그러나 이는 양자물리의 기본 가설을 위배하기 때문에 애초에 양자 상태의 복제는 불가하다. 양자물리의 복제불가론에 따라 광신호는 증폭될 수 없으므로 양자통신에서는 리피터들이 얽힌 광자쌍을 준비하고 있다가 순간이동기술을 이용해서 양자신호를 전달한다.

이렇게 광자를 통해 양자 정보를 이동하는 기술은 양자컴퓨터의 작은 CPU 모듈들을 여러 개 연결해 대형 컴퓨터를 만들 때도 쓰인다. 현재 양자기술 중에서도 핵심 기술이라고 할 수 있는데, 개발이 완료 단계가 아니고 한창 진행 중이다.

양자센서의 특성은 센서로 사용되는 물질의 성질에 달려 있다. 일단 좋은 물질이 개발되면 이 물질을 센서로 만드는 나머지 과정은 엔지니어링이기 때문에 개발은 시간문제일 뿐이다. 우리나라의 물질에 관한 연구는 가장 앞서간 일본과 지리적으로 가까워 교류를 많이 한 덕분인지 연구 인력도 풍부하고 연구 수준도 높은 편이다. 대부분의 물리학과에서 가장 인력이 많은 분야가 응집물질 물리다. 재료공학도 물질 연구이며, 반도체학과도 물질에 관한 연구를 한다. 따라서 센서 연구 수준도 전반적으로 높은 편이다. 센서는 사용되는 물질의 종류도 다양하고 기술도 다양하여 개발 현황을 한마디로 말하기 어렵다.

양자기술 중에서 우리나라가 가장 뒤처진 분야는 양자컴퓨터 분야다. 양자통신이나 센서보다 진입 장벽이 높다는 것이 가장 큰 이유다. 1990년대 말, 양자컴퓨터가 처음 개발될 당시 우리나라에서도 하드웨어와 알고리듬을 개발하는 연구팀들이 있었으나, 이후 하드웨어 개발이 지지부진하면서 우리나라의 하드웨어 연구는 거의 명맥이 끊어졌다시피 했다. 이런 사정은 해외도 비슷했으나, IBM이나 구글 같은 대기업들은 꾸준히 연구개발을 이어가 2010년대 말에 기술적으로 퀀텀 점프를 이룬 양자컴퓨터 하드웨어를 대중에게 선보였다. 15년 가까이 연구 공백을 가진 우리나라의 양자컴퓨터 하드웨어 수준은 당연히 국제 수준에서 한참 뒤떨어져 있었고, 요새 와서 해외에서 첨단 기술을 습득한 젊은 연구자들이 가세하여 추격하는 중이다.

사람들이 양자기술에 대해 궁금해하는 질문 중 하나는 우리나라와 선발 주자 국가의 양자컴퓨터 수준이 얼마나 차이가 있는지다. 하드웨어를 예로 들자면 우리나라에서는 1000큐비트 초전도 양자컴퓨터를 2025년에 시작해서 2033에 완성하기로 로드맵이 짜여 있다. 그런데 IBM에서는 2023년에 이미 1000큐비트 양자컴퓨터를 발표했으므로 10년 정도 수준 차가 있다고 할 수 있겠다. 그리고 IBM에서는 2033년까지 10만 큐비트를 가진 양자컴퓨터를 개발하겠다고 공표했다.

소프트웨어와 인프라 부문에서도 비교 지표를 찾을 수 있다. 우리나라에서는 과기정통부와 산업통상자원부, 중소벤처기업부 등 IT 관련 부처에서 사회의 각 분야에 양자컴퓨터를 활용해보라고 연구개발비를 지원하는 반면, 미국에서는 사회의 각 부문을 맡은 부처가 직접 양자컴퓨터를 활용하는 연구를 하도록 장려하고 있다. 예를 들어 미국 국립보건원(NIH)에서는 '양자컴퓨팅을 활용한 생의학 혁신Quantum Biomedical Innovations and Technology(Qu-BIT)'이라는 이름의 사업을 공표했는데, 신약 개발, 진단, 의료데이터 분석이라는 구체적인 세 가지 주제의 연구개발에 연구 상금을 걸었다(그림 3-5). 이런 구체적인 사업안을 내놓는 걸 보면 NIH 내부에 이런 사업을 기획하고, 이 사업에 참여할 만한 능력을 갖춘 연구자들에게 신청을 독려하며, 평가를 잘할 수 있는 전문가들을 섭외하여 선정을 의뢰하

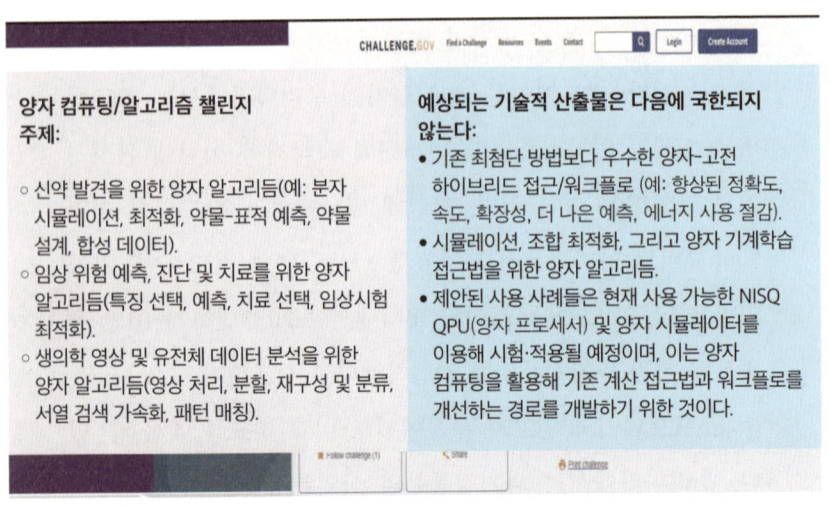

그림 3-5 NIH가 발표한 양자컴퓨팅을 활용한 생의학 혁신 지원사업.

고, 선정된 과제는 제대로 진행되고 있는지 모니터링하는 양자 전문가가 있음을 알 수 있다. 우리나라의 보건복지부는 언제 이런 사업을 벌이게 될까? 그 시기만큼 우리나라와 미국의 양자컴퓨터 소프트웨어 기술 수준이 차이가 난다고도 할 수 있겠다.

우리나라는 2035년까지 약 3조 원이나 되는 돈을 양자기술에 투자할 예정이다. 양자기술에는 양자컴퓨터기술도 있고 양자통신, 양자센서도 있다. 양자컴퓨터만 해도 소프트웨어와 하드웨어, 또 소위 '소부장'이라 하여 소재, 부품, 장치를 개발하는 주변 기술들이 있다. 기술을 테스트하는 테스트베드, 소자를 개발하는 양자팹도 있어야 하며 선진국의 기술을 들여오기 위한 국제공동연구 자금도 필요하다. 어느 나라나 양자기술 인력이 부족하여 인력도 양성해야 한다. 양자기술 선진국은 개발 속도에 인력 수급이 미치지 못하여 인력이 부족하고 후진국은 아직 양자기술 자체가 개발되지 않아 전문 인력이 없다. 더구나 조금 있는 인력마저 선진국에서 데려간다. 꼬박꼬박 세금을 내면 국가가 알아서 잘 살게 해줄 것이라고 믿고 있는 국민의 소중한 돈을 양자기술 중 어느 분야에 어떻게 투자할 것인가?

양자통신에서 양자키분배기술은 비밀 통신이 필요한 모든 부문에서 활용할 수 있어 시장 범위가 막대하리라 예상된다.

상업적인 사용은 제쳐두고, 비밀 통신의 필요성을 가장 많이 느끼는 국방 분야만 보더라도 그렇다. 우리나라의 1년 국방 예산은 60조 원 정도이며 안보야말로 국방에서 가장 중요시하는 요소이므로 모르긴 몰라도 이 예산 중 상당 부분을 보안을 위해 사용하리라 짐작된다.

양자키분배기술이 이렇게 중요한 데다가 이미 오래전에 개발되었기 때문에 세 가지 양자기술 중에서 양자통신이 가장 먼저 상용화될 것이라고 예상하는 사람이 많다. 그러나 나는 반대로 양자통신 기술은 상용화가 멀었다고 생각한다. 양자인터넷기술이야 지금부터 개발하려는 미래 기술이므로 당연한 이야기지만, 양자키분배기술도 마찬가지다. 양자키분배기는 2000년대 초에 이미 스위스에 관련 회사가 설립되어 팔기 시작했으며, 지금은 우리나라를 포함하여 여러 나라에 이런 장비를 만들어 파는 회사가 많다. 그러나 일부 국가의 금융 및 정부 기관에서 시작하고 있는 상용 서비스를 제외하면, 2025년 현재 전세계의 양자암호통신망은 대부분 시범 운영 중이다. 장거리 양자통신에 필수적인 리피터가 제대로 개발되지 않았기 때문이다. 그리고 또 한 가지 중요한 이유는 아직 이 기술을 적용할 필요성을 느끼는 분야가 없기 때문이라 생각한다.

양자암호통신에서 광자 한 개 읽기는 양자기술 중에서도 첨단 기술로, 아직 완벽하지 않으나 미래의 도청자를 막기 위해 필요하다. 단일 광자 측정 능력은 도청자들도 노리는 기술인데, 광섬유를 지나가는 광신호에서 광자 하나를 뽑아내어 도청하기는 더 어렵다. 그래서 국방이나 기업들에서 아직은 이런 첨단 도청자를 걱정하지 않는다는 것이 양자키분배기술의 필요성을 느끼지 않는 첫 번째 이유라고 생각된다.

필요성을 느끼지 않는 두 번째 이유는 양자암호통신망을 어렵게 깔아놓아도 고전적인 정보처리 기기를 거치는 과정에서 정보가 쉽게 새기 때문이다. 내가 갑순이와 양자암호통신을 하려면 쓰고 있는 고전컴퓨터에서 암호키를 작성한 후 유무선을 이용하여 고전적인 0과 1 신호를 양자신호로 변환시켜주는 장비로 보내야 한다. 그 장비에서 나오는 신호를 양자키분배기를 통해 갑순이에게 보내면 그 신호는 양자신호를 0과 1의 고전 신호로 바꾸어주는 변환장치를 통과한 후 갑순이의 컴퓨터로 들어가 화면에 나타난다. 이 과정에서 거치는 많은 장치에서 양자통신선은 일부일 뿐이므로 도청자는 고생스럽게 양자물리를 공부하여 양자통신을 해킹하지 않아도 얼마든지 정보를 빼갈 수 있다. 우리의 컴퓨터에 바이러스를 심어 메모리에 기록된 우리의 정보를 빼간다. 또 자판을 두드릴 때 나오는 정보를 빼가지 못하도록 하는 소프트웨어도 많은 걸 보면 내가 두드리는 자판을 들여다보는 것이 어려운 일이 아님이 분명하다. 화면에 나타나는 정보도 빼갈 수 있다. 스마트폰도 마찬가지다. 사실 이런 첨단 해킹 기술을 쓰는 것보다 보이스피싱이 훨씬 더 쉽다. 이런 마당에 뭐하러 양자통신을 해킹하고 통신 해킹을 방지하기 위해 양자키분배기를 쓰겠는가?

세 번째 이유는 양자내성암호의 발전 때문이다. 양자키분배기술은 열쇠를 안전하게 전달하는 기술이고, 양자내성암호기술은 양자컴퓨터가 풀지 못하는 암호를 걸어두는 기술이므로 기본적으로 서로 적용 영역이 다르다. 그런데 이 두 기술은 다소 경쟁 관계에 있다. 내가 갑순이에게 정보를 안전하게 전달하려면 비밀키 암호방식이나 공개키 암호방식 중에서 하나를 택해야 한다. 양자키분배기술은 전자에서 필요하고, 양자내성암호기술은 후자에서 필요하다. 즉 양자키분배기술은 비밀키 암호방식을 사용할 때만 유용하고, 공개키 암호방식을 사용할 때는 필요하지 않다. 현재는 이 두 가지 기술을 상호보완적으로 혼합하는 하이브리드 구조로 진화하고 있다. 다자간 얽힘 정보도 공유할 수 있는 양자 네트워크는 일반인들이 사용할 일은 없고 조금 먼 미래에 양자기술 전문가들 사이에서만 사용될 것으로 보인다.

양자센서기술은 국방뿐 아니라 의료에도 사용할 수 있으므로 적용 범위가 더 넓어 보인다. 그러나 첨단 양자센서가 의료에서 적용되는 분야는 제한적일 것으로 예상한다. 예를 들어 매우 민감한 MRI 센서가 고해상도의 영상을 찍으려면 영상을 얻으려는 대상에 센서를 아주 가깝게 붙여야 한다. 즉 우리 몸속에 센서를 삽입하지 않고는 그 센서의 기능을 제대로 활용하기 어렵다. 이는 우리 신체를 절제하는 방식이기 때문에 일반적인 의료 시장 전반이 아니고 특수한 경우에 한해 적용하게 될 것이다.

양자컴퓨터는 사회의 모든 구석에 영향을 미칠 것이다. 양자통신이나 양자센서와는 그 적용 범위의 차원이 다르다. 이와 같은 인식은 세계적인 투자 동향에도 그대로 나타나 있다. 그림 3-6은 2024년에 나온 매킨지 보고서의 일부다. 양자컴퓨터, 양자통신, 양자센서의 시장을 비교해놓았다. 양자컴퓨터는 2040년에 시장 규모가 450억~1300억 달러, 통신은 240억~360억 달러, 센서는 10억~60억 달러로 예상했다. 2023년 말까지 투자된 금액은 양자컴퓨터가 67억 달러, 통신이 12억 달러, 센서가 7억 달러다. 2023년 말까지 벤처기업은 양자컴퓨터 분야가 261개, 통신이 96개, 센서가 48개다. 양자컴퓨터의 시장 크기나 투자 규모가 제일 크다.

사실 이보다 한 해 전과 두 해 전까지만 해도 매킨지 보고서에서는 양자컴퓨터의 시장 규모와 통신, 센서의 시장 규모가 차이가 컸다. 전반적으로 2024년의 예측과 비슷했지만, 통신 시장의 규모는 2024년 예측과 달리 10억~70억 달러로 센서 분야와 비슷한 수준에 불과했다. 즉 양자통신과 센서 시장

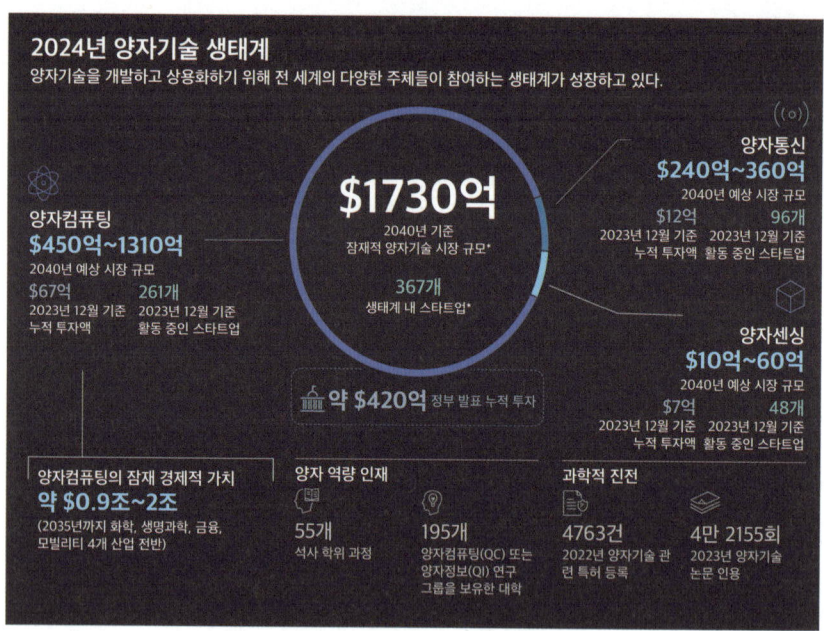

그림 3-6 양자기술 시장 규모(2024년 매킨지 보고서).

의 규모보다 양자컴퓨터 시장이 단위 하나가 더 크다고 본 것이다. 그런데 왜 1년 만에 이렇게 양자통신의 시장 규모를 갑자기 크게 잡았는지 모르겠다. 어쨌든 양자컴퓨터 분야의 시장 크기나 세계의 투자 규모가 통신이나 센서보다 훨씬 더 큼을 알 수 있다. 왼쪽 아래를 보면 양자컴퓨터가 산업에서 2035년에 가지는 잠재적인 경제적 가치가 한화로 1000조 단위라고 예측하고 있다.

연구개발 투자는 각국의 현 개발 수준과 연구 시설, 인력

등 그 나라의 고유한 연구 생태계 상황에 맞도록 적절하게 시행되어야 할 일이다. 그러나 양자기술 선진국들의 국제적인 동향은 분명 이 분야의 연구개발이 나아갈 길을 시사하는 중요한 참고 지표가 되므로 우리나라의 예산 배정에도 반영이 되어야 할 것이다.

세 가지 양자기술 중에서 양자컴퓨터가 우리 사회 전반에 가장 큰 영향을 미칠 것으로 예상되므로 양자컴퓨터의 현 개발 상황에 대해서는 더 자세히 알아보자.

6장

양자컴퓨터 개발의 현주소

양자 이득

양자기술, 그중에서도 양자컴퓨터가 그렇게 환상적인 능력을 갖추고 있다면 왜 지금 세상이 뒤집히고 있지 않은 것일까? 그렇게 대단하다는 양자컴퓨터 구현이 정말 가능하기는 한 것인가? 이런 기대감이 한껏 부푼 분위기는 지난 세기말인 2000년 직전에도 있었다. 그러나 2010년대 후반에 양자컴퓨터 업계에서 뭔가를 보여주며 다시 기대감이 커지기 전까지 15년 가까운 시간 동안 긴 겨울을 겪었다. 다시 이런 역사가 반복되지 말란 법이 있겠는가. 언젠가 양자컴퓨터는 만들어지겠지만 이번에도 거품이 꺼지고 인공지능처럼 여러 번의 겨울을 겪지 말란 법도 없다. 양자컴퓨터 제작회사들은 장사꾼처럼 말로만 떠들 것이 아니고 인공지능이 바둑 대결에서 이세돌을 꺾었듯이, 혹은 챗지피티가 혜성같이 등장하여 우리를 놀라게 했던 것처럼 우리 피부에 와닿는 결과를 보여주면 된다. 그런데 그러질 못하고 있지 않은가.

그래도 긍정적으로 보자면 UN에서 2025년을 '세계 양자의 해'로 지정하지를 않나, 라스베이거스에서 열리는 유명한 국제전자제품박람회Consumer Electronics Show(CES)에서 양자기술을 특별 주제로 선정하지를 않나, 세계경제포럼에서 양자기술에 대한 보고서를 내고 양자기술에 최우선 순위를 두고 투자해야 한다고 결론을 내리지 않나, 여기저기서 양자기술의 중요성을 강조하는 걸 보면 뭔가 되기는 될 모양이다. 더구나 각국의 정부는 막대한 자금을 양자기술에 투자하고 있다. 정부의 자금이란 게 결국 국민의 소중한 세금이니 아무 데나 막 쓰지는 않을 것이다. 해마다 연말에 보도블록을 교체하는 걸 보면 꼭 그런지 확신이 없기는 하지만.

그림 3-7은 컴퓨터의 계산 시간을 비트 수, 즉 계산에 사용되는 숫자의 자릿수에 따라 어떻게 변하는지를 대략적으로 그린 것이다. 일반적으로, 계산해야 할 숫자의 자릿수가 늘어나면 고전컴퓨터가 계산하는 시간은 지수적으로 늘어난다. 반면 양자컴퓨터의 계산 시간은 자릿수가 늘어나도 많이 늘어나

지 않는다. 자릿수가 늘어나면 양자컴퓨터의 병렬처리 능력도 같이 지수적으로 늘어나기 때문이다. 그러므로 자릿수가 D와 같을 때는 양자컴퓨터의 성능이 고전컴퓨터를 능가할 수 있으나 자릿수가 A나 B와 같이 작을 때는 말이 달라진다. 현재 우리가 사용하고 있는 PC의 클록 속도 clock rate 는 수 기가헤르츠 (GHz)에 달한다. 즉 1초에 수십억 개 정도의 기본 연산을 처리하고 있다. 이에 비해 양자컴퓨터의 연산 속도는 수십, 수백 배 느리다. 그러므로 자릿수가 작은 숫자의 처리에는 양자컴퓨터의 계산 시간이 더 오래 걸린다.

자릿수가 늘어남에 따라 고전컴퓨터의 계산 시간은 급격히 늘어나고 양자컴퓨터는 천천히 늘어나므로 언젠가 교차하

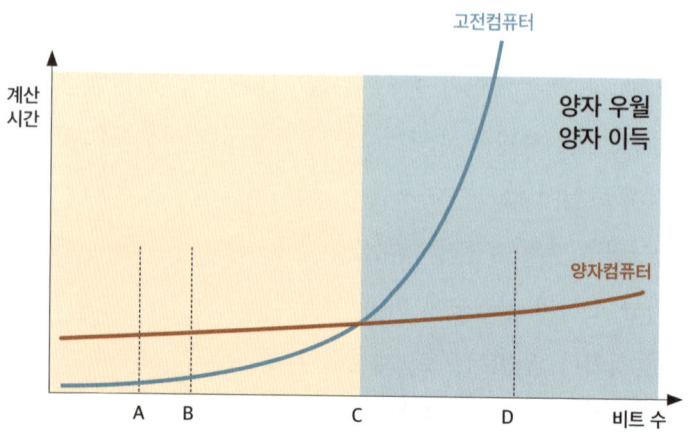

그림 3-7 처리하는 숫자의 자릿수에 따른 컴퓨터의 계산 시간

는 지점 C가 나타나게 된다. 이 지점보다 더 자릿수가 많은 경우, 즉 C 지점 오른쪽에서는 양자컴퓨터가 슈퍼컴퓨터보다 빠르므로 소위 양자 우월성quantum supremacy 혹은 양자 이득이 구현된다. 문제는 D 지점과 같이 많은 큐비트 수를 가진 양자컴퓨터가 아직 존재하지 않는다는 것이다. A, B 지점의 자릿수를 가진 양자컴퓨터는 이미 있지만, 고전컴퓨터보다 느린 양자컴퓨터는 쓸모가 없으므로 양자컴퓨터가 언제 나오느냐는 질문의 정확한 의미는 당연히 양자 이득을 보일 수 있는 실용적인 양자컴퓨터가 나오는 C 지점이 언제 오느냐는 질문에 해당한다. 이는 양자기술에 관심이 있는 모든 사람이 제일 궁금해하는 두 가지 질문 중 하나다.

바둑을 둘 때 현재의 형세가 어떤지 아는 것은 매우 중요한 일이다. 지금 우세하다면 보수적으로 안전하게 두어 빨리 판을 끝내는 것이 유리하고 만일 불리하다면 무리수라도 두어서 분위기를 바꾸어야 한다. 그러므로 형세 판단은 바둑을 두는 기력 자체만큼이나 중요한 능력이자 일급 정보다. 양자컴퓨터의 개발에서 C 지점이 오는 시점을 아는 것은 바둑의 형세처럼 투자자를 비롯한 많은 사람에게 일급 정보일 것이다.

이 질문에 대한 전문가들의 의견은 다양하다. 영원히 오지 않는다는 의견부터 2025년이면 나온다는 의견까지 모든 스펙트럼의 의견들이 다 나온다. 양자컴퓨터란 실현이 불가능하다고 말하는 사람들이 하려는 이야기는, 양자컴퓨터가 근본적으로 오류가 없을 수 없으며, 따라서 완전한 양자컴퓨터는 만들어질 수 없다는 뜻이다. 그런데 이것은 양자컴퓨터의 특성을 잘 모르고 하는 이야기다. 어차피 양자 알고리듬들은 결과를 확률적으로 준다. 즉 완벽한 양자컴퓨터 하드웨어가 있다고 해도 양자 알고리듬을 돌려보면 답이 맞을 수도 있고 틀릴 수도 있다는 이야기다. 알고리듬을 돌려서 얻은 결과가 일반적으로 여러 상태의 중첩으로 되어 있기 때문이다. 물론 좋은 알고리듬들은 정답이 나올 확률이 가장 높도록 디자인이 되어 있기는 하지만 틀릴 가능성은 늘 있다.

양자컴퓨터가 틀린 값을 주면 맞는 답이 나올 때까지 다시 풀어보면 된다. 어떤 문제의 답을 구하기는 어렵지만 주어진 답이 정답인지 아닌지 확인하기는 쉽기 때문이다. 예를 들어 289가 소수인지 아닌지, 즉 이 숫자를 나눌 수 있는 수가 있는지 없는지, 있다면 어떤 숫자가 나눌 수 있는지를 알기는 어렵다. 그렇지만 양자컴퓨터가 19라는 답을 주었을 때 19가 289를 나눌 수 있는지 아닌지는 간단하게 확인된다. 19는 정답이 아니다. 슈퍼컴퓨터로 300년 걸리는 문제를 양자컴퓨터가 1분 만에 풀어서 오답을 주었고, 그래서 열 번을 다시 계산해서 정답을 얻었다고 해도 10분이다. 그리고 양자컴퓨터가 주는 값은 틀려도 정답에 가까운 경우가 많기에 그 근처 값들을 조사해보면 정답을 얻기 쉽다. 289를 나눌 수 있는 수는 19가 아니고 17이다. 양자컴퓨터는 완벽하지 않아도 쓸모 있다.

양자컴퓨터가 2025년이면 양자 이득을 보일 수 있다고 주장하는 사람들은, 짐작할 수 있겠지만, 양자컴퓨터 제작업체 사람들이다. 사실 구글에서는 2019년에 이미 53큐비트 CPU를 가진 양자컴퓨터로 슈퍼컴퓨터가 1만 년 걸려 풀 문제를 200초 만에 풀었다고 발표했다. 즉 양자 이득이 있음을 실증한 것이다. 그랬더니 곧바로 IBM에서 알고리듬을 잘 짜면 슈퍼컴퓨터로 같은 문제를 며칠이면 풀 수 있다고 발표했다. 이와 같은 고전 알고리듬의 개선이 계속 발표되면서 결국 10분 정도면 고전 슈퍼컴퓨터에서도 같은 문제를 풀 수 있는 것으로 결

그림 3-8 구글의 신형 양자컴퓨터 칩. 오류 정정과 계산 성능이 대폭 향상됐다고 한다.

론이 났다. 하지만 2024년 말에 구글은 다시 비슷한 문제를 더 많은 자릿수에 대해 푸는 데 슈퍼컴퓨터로는 10^{25}년 걸리는 데 반해, 105큐비트의 CPU를 가진 윌로우Willow라는 양자컴퓨터에서는 5분이면 된다고 주장했다. 우주의 나이는 138억 년, 그러니까 10^{10}년 정도밖에 되지 않는다. 우주가 10^{15}번, 즉 1000조 번 우주가 반복되는 시간이 걸리는 문제를 5분에 풀었다는 뜻이니 엄청난 양자 이득을 시연한 셈이다.

그런데 여기서 함정은 양자컴퓨터는 매우 잘할 수 있지만 슈퍼컴퓨터가 하기에는 시간이 무척 걸리는 특별한 문제를 골랐다는 것이다. 양자컴퓨터가 발생시킨 무작위한 상태 분포가 양자물리의 예측과 잘 맞는다는 사실을 입증하는 문제였으니, 양자컴퓨터만 잘할 수밖에 없고 우리가 의미하는 실용적인 문제와는 거리가 매우 멀었다. 그러나 오류가 많아 도저히 아무것도 할 수 없을 것같이 보였던 불완전한 양자컴퓨터에 딱 맞는 문제를 잘 선정해서 양자 우월성을 보인 점은 높이 평가할 만하다. 콜럼버스의 달걀처럼 뭐든지 알고 나면 쉽지만 처음 하기는 어려운 법 아닌가.

한편 엔비디아의 젠슨 황이 CES 25에서 양자컴퓨터는 20년 후에야 실용화될 것이라고 말하는 바람에 양자컴퓨터의 실용화 시점에 대한 논란이 불거진 바 있다. 양자컴퓨터는 여러 가지 일을 할 수 있지만, 암호를 깨는 것은 매우 어려운 일에 속한다. 이런 거의 완벽한 양자컴퓨터가 나오려면 20년은 아니더라도 10년은 더 걸리지 않을까? 그러므로 젠슨 황의 말도 완전히 틀린 이야기는 아니다.

이런 예들에서 알 수 있다시피 양자 이득이 구현되는 C 지점은 알고리듬에 따라 달라진다. 일반적으로 우리에게 쓸모가 많을수록 C 지점은 멀어지는 경향이 있다. 빌 게이츠Bill Gates도 실용적인 양자컴퓨터의 등장 시점에 대해 한마디했다. 실용적인 양자컴퓨터가 4~5년이면 나온다고. 빌 게이츠가 의미하는 실용이란 구글이 양자 우월성 증명에서 사용한 우리 인생에 별 쓸모 없는 문제와 실용성이 넘쳐나는 암호 격파의 중간쯤 되는, 그러니까 아직 큰 도움이 되지는 않지만 뭘 했다는 것인지 우리의 일상용어로 이해할 만한 문제라고 하겠다. 신약 개발 같은 양자컴퓨터의 실용적인 사용례는 2030년 전후에 나타날 것으로 추측한다.

2025년이 되자 구글 외에도 양자 이득을 보인 것 같은 논문들이 심심치 않게 등장한다. 미국의 한 바이오기업이 양자컴퓨터를 이용해서 암 유발 인자를 표적하는 신약 후보 물질을 찾아냈는데, 이는 40년 묵은 난제라고 해서 『네이처 바이오테크놀로지 Nature Biotechnology』에 실렸다.[16] 이런 언론 보도는 슈퍼컴퓨터로 40년간 풀 수 없었던 문제를 양자컴퓨터로 푼 것 같은 뉘앙스를 주면서 양자 이득이 실현되었다는 착각이 들게 한다. 그러나 현재의 양자컴퓨터로는 이런 문제에서 양자 이득을 볼 수 없다. 다만 양자컴퓨터로 이런 일도 할 수 있다는 걸 보였다는 데 의의가 있다. 다시 말해서 슈퍼컴퓨터로도 풀 수 있으며 슈퍼컴퓨터로 풀었다면 더 빨리 풀 수 있는 문제라는 것이다. 원문에도 양자 이득을 실현했다는 이야기는 없다.

오류 정정

실용적인 양자컴퓨터가 언제쯤 나올 것인지를 알려면 현 개발 상황을 알아야 하고, 양자컴퓨터 개발의 현주소를 알아보려면 하드웨어 개발이 어떻게 되어가고 있는지 들여다봐야 한다. 한마디로, 제대로 된 하드웨어가 없어 소프트웨어를 못 돌리고 있으므로 하드웨어 개발의 수준이 전체 양자컴퓨터 개발의 수준이다. 소프트웨어도 이러한 상황을 감안하여 엉성한 하드웨어에서 돌릴 방안을 여러모로 찾고 있다. 양자컴퓨터 하드웨어는 여러 가지 방식으로 개발되고 있으며 방식마다 장단점과 극복해야 할 문제가 다르다. 그러나 모든 방식에 공통적인 화두는 오류 정정과 확장성이라고 할 수 있다.

그림 3-9는 개발된 양자컴퓨터의 CPU 큐비트의 수를 연도별로 도식한 것이다. 양자컴퓨터가 처음 개발되던 2000년경

에는 100큐비트를 가진 양자컴퓨터가 나오면 실리콘 기술, 즉 현재의 슈퍼컴퓨터와 경쟁할 만하다고들 말했었다. 그림을 보면 2021년도에 이미 100큐비트를 넘은 양자컴퓨터가 출현했으며 2023년도에는 1000큐비트를 넘은 양자컴퓨터도 발표되었다. 우리나라에서는 한국표준과학연구원에서 2024년 말 20큐비트 초전도 양자컴퓨터를 개발하여 시연했으며, 2026년까지 50큐비트를 개발할 예정이다.

1000큐비트면 2^{1000}만큼의 병렬처리를 할 수 있으므로 이

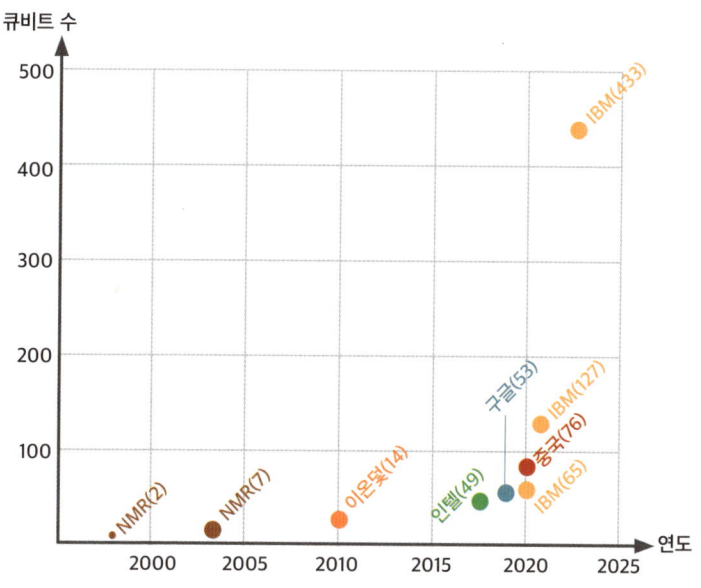

그림 3-9 연도에 따른 양자컴퓨터 CPU의 큐비트 수(괄호 안 숫자는 큐비트 수). 2015년 이후의 데이터는 모두 초전도 큐비트다.

론상 고전컴퓨터보다 2^{1000}~10^{300}배 정도 빠르다. 이런 숫자는 너무나 큰 숫자여서 천문학적이라는 말도 어울리지 않는다. 우리 우주 안에 있는 별의 수를 다 더해도 10^{23}개 정도밖에 되지 않으니 말이다. 이런 컴퓨터가 나왔는데 왜 이리 조용할까? 아직도 세상이 뒤집히지 않은 이유는 양자컴퓨터가 오류에 워낙 취약하기 때문이다.

고전컴퓨터에서는 0과 1을 나타내기 위해 0V의 전압과 5V의 전압 상태를 사용한다. 그런데 생산되는 전자소자들의 오차를 고려하여 0에서 2V는 0으로 간주하고 4~6V는 1로 간주하는 식으로 작동오차범위를 주고 있다. 그런데 양자컴퓨터에서는 이것이 불가능하다. 양자컴퓨터에서는 0과 1만이 아니라 이 둘의 모든 중첩을 다 사용하기 때문이다. 예를 들어 0 상태가 1.5%, 1 상태가 98.5% 섞인 상태가 계산 중간에 나올 수도 있어서 1에 가깝다고 1로 간주하면 안 된다. 작동오차범위를 줄 수 없기에 완전한 양자컴퓨터는 개발할 수도 없고 존재할 수도 없다. 그러나 고전컴퓨터의 오류가 완전히 0이 아니더라도 우리가 큰 불편 없이 잘 쓰고 있듯이, 양자컴퓨터도 우리가 사용하기에 충분할 정도만 정확하면 된다.

양자컴퓨팅에서는 큐비트에 연산할 때 전자기파 펄스를 가하게 되는데, 이 펄스의 길이로 0과 1이 중첩되는 비율이 달라진다. 펄스의 길이라는 것은 아무리 정확해도 무한히 정확할 수는 없으므로 연산을 할 때마다 기본적으로 오류가 발생한다. 연산하지 않을 때도 주변과의 상호작용으로 인해 오류가 발생한다. CPU를 둘러싼 주변 환경과의 상호작용도 있고, 인접한 큐비트와의 상호작용도 있다. 주변 환경과의 상호작용은 불순물을 제거하고 온도를 낮추어 열잡음을 줄여주면 효과가 있다. 상온에서 작동 가능한 광양자컴퓨터도 핵심 부품들을 저온에서 작동시키는 이유는 바로 잡음을 줄이기 위해서다.

여러 가지 양자컴퓨터 사양을 비교할 때 상온에서 작동한다는 점을 부각하려는 경우가 있는데, 이는 사실 좋은 양자컴퓨터의 조건으로 고려할 필요가 없다. 상온에서도 작동하지만 저온에서 작동시키면 오류가 적어져 좋기 때문이다. 양자컴퓨터의 개발에서는 오류를 줄이기 위해서 뭐든지 한다. 또한 양자컴퓨터는 어차피 노트북 형태로 개발되어 판매될 가능성도 없고 그럴 필요도 없기에 상온 작동이 요구되지 않는다. 양자컴퓨터는 슈퍼컴퓨터처럼 클라우드 서비스 형태로 사용될 것이기 때문이다. 슈퍼컴퓨터를 노트북으로 쓸 필요가 뭐가 있겠는가? 스위스 계좌를 다 해킹할 수 있는 양자컴퓨터는 극저온이건 뭐건 돌아가는 한 대만 있으면 감지덕지하지 조건을 붙일 상황이 아니다.

인접한 큐비트와의 상호작용은 얽힘을 만들 때 사용되기 때문에 우리가 원할 때만 상호작용이 있어야 한다. 상호작용이란 2개의 입자 사이에 중력, 전자기력 같은 자연계의 힘이 작용하는 상태를 말한다. 우리가 신도 아니고 이런 자연계의 힘을 있어라 할 때 있고 없어져라 하면 없어지게 할 수는 없지 않은가. 그래서 두 입자 사이의 거리를 변화시킨다든지, 상호작용을 변화시키는 매개체를 중간에 넣었다 뺐다 한다든지, 다양한 인공적인 방법으로 상호작용의 크기를 조절한다. 그렇지만 이런 인공적인 상호작용 조절은 우리가 원하는 값으로 무한히 정확히 만들어낼 수가 없으므로 이것도 오류의 원인이 된다. 마지막으로 연산 결과를 읽어 들일 때도 오류가 발생한다. 이러다 보니 양자 계산에서는 연산을 해도 오류가 생기고, 가만히 있어도 오류가 생기며, 계산을 계속하면 오류가 누적된다. 그래서 양자 연산은 고전 연산보다 정확성에서 훨씬 더 가혹한 조건이 요구된다.

컴퓨터에서 오류를 줄이는 첫 번째 방법은 발생한 오류의 정정이다. 고전컴퓨터에서는 오류를 정정하기 위해 패리티 비트parity bit와 같은 방식을 사용한다. 한 바이트를 이루는 8개의 비트 중에서 7개의 비트에는 정보를 담고 나머지 한 비트를 오류 정정에 사용하는 방식을 말하는데, 방법은 이렇다. 처음 7비트에 적힌 1의 개수가 홀수면 마지막 비트인 패리티 비트에 1을 적고, 짝수면 0을 적어 한 바이트 전체로는 1의 숫자가 항상 짝수가 되게 만든다. 이제 연산의 전후에, 혹은 통신의 전후에 한 바이트에 적힌 1의 숫자를 세어서 짝수면 좋고, 홀수면 어느 한 비트에서 오류가 난 것으로 결론을 내릴 수 있다. 이런 방식에서는 물론 오류가 어느 비트에서 일어났는지 모르므로 정정을 할 수는 없고, 연산을 다시 하거나 데이터를 다시 보내도록 요청하는 방식으로 오류를 방지할 수 있다.

오류를 정정하고 싶다면 중복으로 기록하는 방법을 쓸 수 있다. 예를 들어 1이라는 정보를 한 비트에만 기록하는 것이 아니라 111과 같이 세 비트에 중복해서 기록하고 세 비트의 데이터가 같은지 확인하는 방식이다. 세 비트 중 하나에 오류가 발생해, 예를 들어 110과 같이 적혔다고 하면 마지막 비트에 오류가 일어났음을 알 수 있다. 이 방식에서도 물론 두 비트에 동시에 오류가 일어나면, 예를 들어 원래 데이터가 000이었는데 첫 번째와 두 번째 비트에 오류가 동시에 일어나 110이 되었다면 원래 데이터를 111이라고 오판하는 일이 발생한다. 그러므로 한 비트에서 일어나는 오류가 너무 크지 않아야 이런 오류 정정 기법들을 쓸 수 있다.

오류 정정의 기본은 이처럼 중복 기록이다. 양자컴퓨터에서도 비슷하게 중복 기록으로 오류를 정정할 수 있다. 중요한 차이라면 양자컴퓨터에서는 오류를 정정하기 위해 데이터를 읽을 수 없다는 점이다. 일반적으로 중첩되어 있는 데이터를 측정하는 순간 데이터가 붕괴하여 변질하기 때문이다. 데이터를 읽어보지도 않고 오류를 정정하는 것이 과연 가능할까 싶은데 과학자들은 가능한 방법을 찾아냈다. 다만 읽지 않고 정정해야 하고, 비트보다 큐비트의 자유도가 더 높아 고전컴퓨터의 경우보다 중복을 더 많이 해야 한다. 최소 5큐비트 정도에는 중복 기록을 해야 하며 이렇게 중복 기록을 필요로 하는 큐비트의 수는 한 큐비트에서 일어나는 오류율이 클수록 당연히 같이 증가한다. 한 큐비트에서 일어나는 오류율이 1000분의 1 정도일 때 100만분의 1 이하의 오류를 원하면 몇백 개 이상의 큐비트에 중복 기록을 해야 한다. 이렇게 한 큐비트의 내용을 중복 기록하는 큐비트의 묶음을 '논리 큐비트'라고 부른다. 여태까지 이야기한 보통 큐비트를 논리 큐비트와 헷갈리지 않게 명확히 할 필요가 있을 때는 '물리 큐비트'라고 부른다.

논리 큐비트는 여러 개의 물리 큐비트에 정보를 중복 기록하고 보조 큐비트를 측정함으로써 물리 큐비트에서 발생한 오류를 찾아내도록 설계되었다. 이 방식은 데이터가 담긴 큐비트를 직접 측정하지 않으므로 데이터 정보가 손상되지 않으며, 찾아낸 오류를 바탕으로 데이터를 정정하는 연산을 가한다. 논리 큐비트의 기록에는 이같이 많은 큐비트의 측정과 조작이 관여하므로 그 자체로 누적된 오류가 발생한다. 그래서 한 물리 큐비트의 오류가 어느 정도보다 작지 않으면 오히려 오류 정정 방법을 적용한 논리 큐비트의 오류가 더 커지는 모순이 발생한다. 2024년 말 구글이 양자 우월성을 보였다고 발표했을 때 자기네 양자컴퓨터의 우수성을 두 가지 언급했는데, 한 가지는 계산이 빠르다는 것이고, 다른 하나가 바로 물리 큐비트의 오류를 임계치 이하로 낮추어, 논리 큐비트를 이루는 물리 큐비트의 개수를 많이 잡을수록 오류가 줄어듦을 초전도 큐비트에서 최초로 보여주었다는 것이다.

양자컴퓨터의 오류를 줄이는 다른 방안은 기본적으로 물리 큐비트에서 일어나는 물리적 오류를 줄이는 일이다. 연산과 그 결과를 읽기 위한 물리적 조작을 더 정교하게 하고, 주변과의 상호작용을 최대한 줄이며, 큐비트 간 상호작용을 가능한 한 정밀하게 통제해야 한다. 물리 큐비트의 오류는 우선 논리 큐비트를 사용할 수 있도록 최소한 임계치보다 작게 해야 한다. 물리 큐비트에서 일어나는 오류가 적을수록 한 개의 논리 큐비트를 구성하는 데 필요한 물리 큐비트의 수를 줄일 수 있고 오류 정정도 잘 작동한다. 그러므로 논리 큐비트를 만들게 된 후에도 오류 정정 기법과는 별도로 물리 큐비트의 오류를 줄이는 연구는 끝없이 계속되어야 한다.

물리 큐비트에 일어나는 오류를 줄이려면 CPU를 구성하는 재료의 불순물을 최대한 제거하고, 작동 온도를 가능한 한 낮추어야 하며, CPU의 설계도 최적화되어야 한다. 레이저나 마이크로웨이브 펄스를 만드는 주변 전자 장비도 정교하고 안정적이어야 하며, 결과를 읽는 장비의 감도도 좋아야 하고, 주변 잡음도 차폐가 잘 되어야 한다. 하드웨어에서 최선을 다했으면 그다음에는 시스템에서 일어나는 오류를 분석하여 신호를 얻은 뒤 보정하는 양자 오류 완화 기법도 사용할 수 있다. 연산에 의한 오류나 주변과의 상호작용에 의한 오류를 이론적으로 분석하고 실험으로 확인해 오류가 상쇄되도록 신호를 바로잡는다.

마지막으로 가장 좋은 방법은 물론 애초부터 오류가 없는 양자컴퓨터를 만드는 일이다. '위상 큐비트'라 불리는 큐비트는 이론상 주변 잡음에 영향을 받지 않는다. 그래서 무오류 양자컴퓨터를 만들 수 있는 꿈의 큐비트라고 여겨진다. 그러나 2025년 현재 아직 구현되지 않았다. 주변 잡음에 의한 오류가 없다 해도 불완전한 물리적 조작에 의한 것은 어쩔 수 없으므로 위상 양자컴퓨터라고 해도 오류가 전혀 없지는 않다. 그렇지만 오류가 매우 적은 위상 큐비트는 한 개의 논리 큐비트를 구성하는 데 필요한 물리 큐비트의 수를 현저히 줄일 수 있을 것으로 기대된다.

현재 양자컴퓨터 하드웨어의 개발에서 제일 화두는 논리 큐비트지만, 논리 큐비트는 구현하기도 만만치 않고 논리 큐비트로 연산하기도 쉽지 않다. 두 큐비트 사이에 얽힘을 만들어내는 이중 큐비트 연산을 구현하기 위해서는 두 큐비트가 상호작용하도록 만들어야 하는데, 논리 큐비트의 경우에는 이것이 매우 복잡하기 때문이다. 예를 들어 25개의 물리 큐비트로 한 개의 논리 큐비트를 만들었다고 해보자. 보통은 물리적으로 서로 인접한 큐비트 사이에서만 상호작용이 있는데, 이 두 집합(각각 25개)의 물리 큐비트 사이에 어떻게 상호작용을 일으키겠는가? 물론 방법이 없지는 않으며 사용되는 물리계에 따라 다르나 일반적으로 꽤 복잡하다.

논리 큐비트 간에 이중 큐비트 연산을 하는 사이사이, 논리 큐비트에서 일어난 오류를 바로잡기 위한 측정과 연산도 해야 하므로 계산 시간은 훨씬 더 많이 걸린다. 큐비트들은 주변과의 상호작용으로 인하여 0이나 1 상태를 가만히 두어도 흐물흐물 1이나 0 상태가 섞여 들어와 정보가 사라진다. 이를 '결맞음이 없어진다'라고 표현하며 없어질 때까지의 시간을 '결맞음 시간 coherence time'이라고 부른다. 논리 큐비트를 사용하여 오류를 정정하려면 결맞음 시간 안에 해야 하는데, 연산 시간이 오래 걸리면 오류 정정이 점점 더 어려워지고 결맞음 시간 안에 끝내지 못하면 계산 결과는 믿을 수 없다.

양자컴퓨터의 오류 문제는 궁극적으로 논리 큐비트를 만들어 오류를 정정하는 방향으로 가는 것이 맞다. 하지만 당분간은 논리 큐비트의 구현에 목을 매기보다는 물리 큐비트에서 발생하는 오류의 발생을 줄이는 방향으로 최선을 다하고, 남은 오류는 감수한 채 그냥 물리 큐비트로 계산하는 것이 더 실용적이 아닐까 하는 것이 내 개인적인 생각이다. 아이온큐 IONQ의 김정상 교수도 비슷한 의견을 가지고 있다. 구글의 윌로우와 중국의 양자컴퓨터 지우장九章, Jiuzhang 등은 하드웨어를 개선하여 물리 큐비트의 오류를 줄이고 결맞음 시간을 증가시키는 방법으로 기록 경신 경쟁을 하고 있다. 당분간 이런 경향은 계속되고 최초의 실용적인 양자 이득도 논리 큐비트가 아니라 물리 큐비트로 그냥 구현되리라고 나는 예상한다.

NISQ 컴퓨터

논리 큐비트를 쓴다고 해도 오류가 0이 되는 것은 아닐뿐더러 쓸 만한 논리 큐비트를 충분히 사용할 수 있을 만큼 많은 수의 물리 큐비트를 가진 양자 CPU를 만들지도 못하고 있다. 그렇다고 해서 완전한 양자컴퓨터가 나올 때까지 소프트웨어산업이 손가락만 빨고 있는 것은 아니다. 머리를 잘 쓰면 오류가 있는 양자컴퓨터로도 오류를 피해가며 뭔가 쓸모가 있는 일을 할 수 있을 것 같다.

이런 퀴즈가 있다. '양팔의 길이가 다른 천칭과 1kg 분동이 있다. 이걸로 모래 1kg을 잴 수 있을까?' 천칭은 양팔의 길이가 같아야 정상이고, 정상적인 천칭이 있다면 한쪽 접시에는 1kg 분동을 놓고 다른 쪽 접시에는 천칭이 수평이 될 때까지 모래를 부어서 정확하게 모래 1kg을 잴 수 있다. 양팔의 길이가 다른 천칭은 근본적으로 오류를 가지고 있는 도구인데 이런 도구로 정상적인 작업을 할 수 있겠냐는 질문이다. 답은 이렇다. '왼쪽 접시에 1kg 분동을 놓고 오른쪽 접시에 수평이 될 때까지 모래를 붓는다. 수평이 되었을 때의 모래의 양은 물론 1kg이 아니다. 이제 왼쪽 접시에서 분동을 치우고 모래를 붓기 시작한다. 천칭이 수평이 되었을 때 왼쪽 접시에 담긴 모래의 양은 1kg이다.' 이 방법에서는 천칭의 오류가 서로 상쇄되도록 측정을 두 번 수행해서 목표를 달성한다. 오류가 있는 양자컴퓨터에서도 이런 식으로 오류를 상쇄해 피해갈 방법들이 있을 것 같다.

　초기에 나온 양자 알고리듬들은 완전한 양자컴퓨터를 가정해서 만들어졌다. 그러나 하드웨어가 완전치 않을 때는 이론연구자들이 완전한 하드웨어를 가정한 연구만 할 것이 아니라, 하드웨어 개선을 위한 실용적 연구로 방향을 틀어 실험연구자들을 도와주면 좋다. 현재 이론연구자들은 실험연구자들과 협력하여 오류 정정이나 오류 완화 기법을 개발하고 있으며, 오류가 있고 큐비트 수도 충분하지 않은 Noisy Intermediate Scale

Quantum(NISQ) 컴퓨터로 뭔가 쓸모가 있는 일을 해보려는 연구도 하고 있다.

이론상 완전한 양자컴퓨터란 존재할 수 없으니까 모든 양자컴퓨터는 'Noisy Quantum' 컴퓨터다. NISQ 컴퓨터는 오류 때문에 오래 계산할 수가 없어 암호 풀이같이 정확한 답을 요구하는 문제에는 엄두를 낼 수 없지만, 분자 시뮬레이션, 최적화 문제, 양자인공지능, 미분방정식 풀이 등에는 근사적으로 쓸모 있는 답을 줄 수 있다. 그래서 NISQ 컴퓨터를 활용할 수 있는 알고리듬들이 개발되고 있는데, 이런 계산들을 NISQ 컴퓨터로 근사적으로 하기에는 변분법變分法, calculus of variations이 적합하다고 알려져 있다.

변분법이란 물리학에서 원자나 분자가 가지는 에너지 값들과 상태를 찾아내기 위해 사용하는 근사법인데, 조금씩 변화시켜가면서 해를 찾는다는 뜻으로 붙여진 이름이다. 양자 세계를 기술하는 슈뢰딩거 방정식을 풀 수 있다면 좋겠지만, 고전역학에서의 뉴턴 방정식처럼 슈뢰딩거 방정식도 입자의 개수가 3개 이상이면 풀 수 없다. 전자가 딱 한 개인 수소 원자는 핵까지 합해서 입자가 2개밖에 되지 않으므로 슈뢰딩거 방정식으로 정확히 풀 수 있는 유일한 원자다. 수소보다 큰 원자들이나 분자들의 상태는 모두 근사적으로 구하는 수밖에 없다. 변분법에서는 전자들의 상태를 여러 가지로 변화시켜가면서 에너지가 가장 낮은 상태를 구하고 그때의 상태가 바닥 에너지 상태라고 근사한다.

처음에 적당하게 고른 전자 상태에 대해 에너지를 계산하고 상태를 조금 변화시켜 다시 한번 계산한다. 첫 번째 상태의 에너지와 두 번째 상태의 에너지를 비교하여 두 번째 상태의 에너지가 첫 번째 상태보다 작으면 그 방향으로 상태를 계속 변화시키고, 반대였다면 상태를 반대 방향으로 변화시켜 에너지를 계산한다. 이런 과정을 에너지가 최소에 다다를 때까지 반복한다(그림 3-10).

이렇게 에너지를 계산하고 그 전 값과 비교하며 전자 상태를 변화시키는 과정의 반복에서 시간이 가장 많이 걸리는 부분은 에너지 계산이다. 그러므로 이런 계산을 양자컴퓨터가

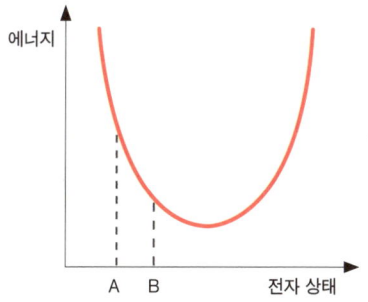

그림 3-10 전자의 상태에 따른 에너지. A와 B 상태의 에너지를 비교하여 B 상태의 에너지가 더 낮으면 오른쪽으로 상태를 조금 더 이동하여 에너지를 다시 계산한다. 이런 과정을 최저값이 나타날 때까지 반복한다.

해주면 전체 계산 시간이 현저하게 줄어든다. 그런데 현존하는 NISQ 양자컴퓨터는 최소 에너지 값을 찾을 때까지 반복할 만큼 긴 시간 동안 계산할 수 없다. 그래서 나온 아이디어가, 반복해서 루프를 돌리는 전체 계산 과정은 고전컴퓨터가 맡고 양자컴퓨터는 고전컴퓨터가 요청할 때만 잠깐씩 에너지를 계산하는 핵심 서브루틴을 맡는 양자-고전 하이브리드 형식이다(그림 3-11). 고전컴퓨터가 적당한 전자 상태를 골라 양자컴퓨터에 보내면 양자컴퓨터는 그 상태의 에너지를 계산해 고전컴퓨터에 돌려보낸다. 그러면 고전컴퓨터는 전자 상태를 약간 변화시켜 양자컴퓨터에 다시 보내 에너지 값을 요청하고 양자컴퓨터가 보내온 값을 처음 값과 비교하여 전자 상태를 어떻게 변화시킬지 결정한다. 변화시킨 전자 상태는 다시 양자컴퓨터에 보내 에너지 값을 얻는다. 이렇게 최소 에너지 값을 찾을 때까지 양자컴퓨터와 고전컴퓨터가 주고받는 과정을 반복한다.

변분법은 꼭 에너지가 아니고 다른 물리량에도 적용할 수 있다. 우리 주변에는 겉보기에 서로 다른 여러 상황이 모양이 유사한 식으로 기술되는 경우가 많다. 예를 들면 주식의 옵션 가격을 결정하는 식은 열전달 방정식과 모양이 같다. 따라서 우리가 관심을 가지는 상황과 양자계의 유사성을 잘 관찰하여 우리가 원하는 목표 상태와 양자계에서 어떤 물리량이 최소가

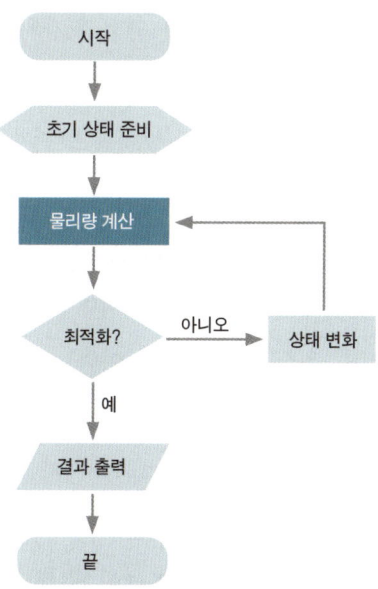

그림 3-11 양자-고전컴퓨터 하이브리드의 계산 방식. 물리량 계산만 양자컴퓨터가 맡고 나머지는 고전컴퓨터가 맡는다.

되는 상태가 대응하도록 양자계를 설계하면 변분법을 여러 가지 목적으로 이용할 수 있다. 예를 들어 목표 지점에 가는 최단 거리를 찾는 최적화 문제를 양자계의 각운동량이 최소가 되는 문제와 동등하게 만들어 풀 수도 있다. 이런 식으로 미분방정식도 풀 수 있다.

양자컴퓨터는 여러 가지 방법으로 만들 수 있다. 0과 1로 사용할 잘 정의된 두 가지 양자 상태가 있는 모든 계를 양자컴퓨터로 사용할 수 있다. 예컨대 수소 원자의 에너지 바닥 상태와 첫 번째 들뜬 상태를 각각 0과 1로 사용할 수도 있으며, 입자가 시계 방향으로 회전하는 상태와 반시계 방향으로 회전하는 상태를 각각 0과 1로 쓸 수도 있다.

좋은 양자컴퓨터가 되기 위해서는 여러 가지 조건을 만족시켜야 한다. 외부와의 상호작용이 적어서 결맞음 시간이 길어야 한다는 것이 우선 중요한 요건이다. 계산 결과를 읽어내는 측정도 할 수 있어야 하는데, 이를 위해서는 보통 한 개의 전자스핀이나 핵스핀, 혹은 단 한 개의 광자를 측정할 수 있는 고감도의 측정 능력이 필요하다.

양자컴퓨터는 큐비트들을 0과 1이 중첩된 임의의 상태로 변환하는 단일 큐비트 연산, 그리고 큐비트들 사이에 얽힘을 만들거나 제거하는 이중 큐비트 연산이 가능해야 한다. 단일 큐비트 연산은 보통 빛이나 마이크로파 펄스를 이용해 수행된다. 이중 큐비트 연산은 다른 큐비트와의 전자기적 상호작용을 통해서 구현되며, 이 상호작용은 우리가 원하는 때만 작동해야 하므로 상호작용을 조절할 수 있는 능력이 필요하다.

큐비트를 구현하는 양자계를 '양자컴퓨터 플랫폼'이라고 부르는데, 현재 많이 언급되고 있는 플랫폼은 6종류 정도다. 초전도, 이온덫, 광자, 중성원자, 양자점, 점결함이 그것으로, 여기에 더해 아직 구현되지는 않았지만, 이상적인 양자컴퓨터 시스템으로 평가되는 위상 양자컴퓨터도 있다. 어떤 양자컴퓨터 플랫폼이 가장 유망하냐는 질문을 많이 받는데, 전문가들 사이에도 공감대는 없다. 연구자들이나 양자컴퓨터 회사들은 전부 자신들이 개발하는 플랫폼이 가장 경쟁력이 있다고 판단해서 연구하고 회사를 차렸을 것이다. 결국 답을 얻으려면 이 플랫폼들의 작동 원리와 장단점을 알고 각자 스스로 판단하는 수밖에 없다.

7장
양자컴퓨터 플랫폼 경쟁

초전도 양자컴퓨터

모든 물체는 상온에서 전기저항이 있다. 철, 구리, 금 같은 금속들은 전기저항이 작아서 '도체'라고 불리며 회로를 꾸밀 때 도선으로 사용한다. 주변에 전기가 잘 통하지 않는 물질들은 '부도체'라고 불리며 도체와 부도체 중간의 전기저항을 가지는 물체를 '반도체'라고 부른다. 이렇게 도체든 부도체든, 물질은 보통 작든 크든 유한한 크기의 전기저항을 지닌다.

    자연에서 관찰되는 물체 중에 특정한 성질이 무한이나 혹은 반대로 완전히 0인 경우는 드물다. 우주의 크기도 무한대가 아니며 순도가 100%인 물질도 없다. 극히 예외적인 경우가 있는데, 바로 초전도체다. 초전도체는 전기저항이 완벽하게 0이기 때문에 '초전도체'라는 이름이 붙었다.

우리가 중학교 다닐 때를 상기해보면 과학 교과서에서 그림 3-12(가)와 같은 그림을 본 적이 있을 것이다. 자기유도라는 현상을 도식한 것으로서, 자석을 고리형 전선에 가까이 가져가면 전류계 G에 전류가 흐르는 현상을 관측할 수 있다. 이 전류는 자석이 가까이 가는 동안, 즉 움직이는 동안만 흐르고 자석이 멈추면 전류가 흐르지 않는다. 자석의 움직임에 의해 도선에 전류가 생성되는데, 자석이 멈추면 생성된 전류는 도선 안 이온들과의 충돌로 인해, 즉 도선의 저항으로 인해 금방 사라지기 때문이다. 만일 도선을 초전도로 만들면 어떻게 될까? 자석을 가까이 가져가다 멈추어도 전류가 없어지지 않고 계속 흐를 것이다. 전류계 자체도 저항을 가지고 있어 전류를 감소시키는 원인이 되므로 전류계도 빼고 아예 그림 3-12(나)처럼 초전도체로 고리를 만들자. 그러면 자석을 가까이 가져가다 멈추어도 전류가 끊임없이 흐르는 현상을 관측할 수 있다.

초전도체에도 불순물이나 결함이 있어 그 성질을 방해할 수 있으므로 사실은 전류가 무한히 오래 흐르지는 않고 유한한 시간 안에 없어질 수 있다. 어느 교수가 초전도 고리에 생성된 전류가 얼마나 오래 가는지 실험해보려고 한 대학원생에게 매일 관측을 시켰다. 초전도성은 저온에서만 나타나기 때

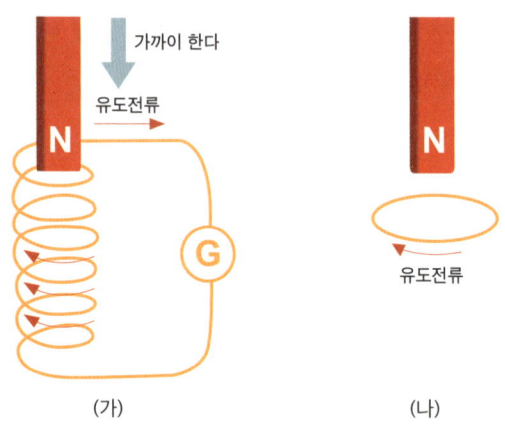

그림 3-12 자기유도전류. (가)는 구리 같은 일반 도체로 도선을 만든 경우이고 (나)는 초전도체로 고리형 도선을 만든 경우이다.

문에 액체 헬륨에 담긴 통 안에 고리를 담가두고 관측을 했는데 전류가 4년 지속되었다고 한다. 그것도 전류가 감소해서 4년이라고 평가한 것이 아니고, 4년이 되던 어느 날 대학원생이 액체 헬륨을 부어주는 걸 까먹는 바람에 초전도성이 사라져서 그렇게 되었다고 한다.

이렇게 전자가 무한히 궤도를 도는 상황은 전자가 핵 주위를 무한히 돌고 있는 원자와 유사하다. 그래서 원자 내 전자의 두 가지 상태를 큐비트로 쓸 수 있는 것처럼 초전도 고리에 전류가 흐르는 방향의 상태를 큐비트로 사용할 수 있다. 고리에 전류가 시계 방향으로 흐르는 상태와 반시계 방향으로 흐르는 상태를 각각 0과 1로 사용하는 것이다. 단일 큐비트 연산은 0과 1 상태의 에너지 차이와 같은 크기의 에너지를 가진 마이크로파 펄스로 한다. 그리고 고리전류는 막대자석과 유사한 자기장을 만들어내는데, 두 전류고리를 가까이 가져가면 두 개의 자석처럼 서로 밀거나 당기는 상호작용을 한다. 따라서 이를 이용하여 이중 큐비트 연산을 할 수 있다. 기본 원리가 이런 식이라는 것이고 실제로 개발되고 있는 초전도 큐비트는 이보다 훨씬 복잡한 방법들을 사용한다.

초전도 양자컴퓨터 CPU는 고전컴퓨터 CPU 칩을 만드는 것처럼 기판 위에 초전도 물질로 고리를 그려 큐비트를 만들고, 여기에 읽고 쓰기 위해 마이크로파를 전달하는 전선과 축전기 같은 부속 전자부품을 같이 그려서 만든다. 물질의 초전도성은 저온에서만 작동하므로 이 CPU는 냉동기 안에 장착한다. 양자컴퓨터 하면 대표적으로 많이 보게 되는 그림 3-13의 오른쪽과 같은 장치는 희석식 냉동기인데, 맨 밑에 CPU가 들어간다.

현재 개발되고 있는 모든 양자컴퓨터 플랫폼에서 확장성, 즉 큐비트 수 늘리기는 오류 정정과 함께, 극복해야 할 가장 중요한 주제로 꼽힌다. 같은 알고리듬을 적용하더라도 큐비트 수가 늘어나면 연산 수행 시간은 길어지게 마련인데, 연산 시간이 결맞음 시간보다 길어지면 계산 결과는 엉터리로 나온

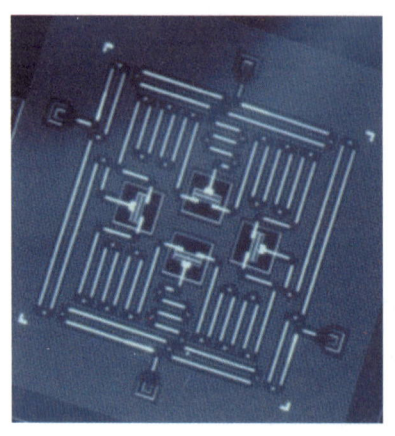 

그림 3-13 (왼쪽) 초전도 양자컴퓨터 CPU. 기판 위에 초전도 큐비트 4개가 그려졌다. (오른쪽) 초전도 양자컴퓨터를 저온에서 구동하는 희석식 냉동기. 양자컴퓨터 CPU는 맨 아래 위치하고 많은 선이 읽고 쓰기 위해서 연결된다.

다. 그러므로 결맞음 시간의 개선 없이 큐비트 수를 늘리는 것은 아무 의미가 없으며, 결맞음 시간의 확보는 확장성을 위한 첫 번째 요구 조건이다.

초전도 양자컴퓨터도 마찬가지다. 큐비트는 기판에 그리기만 하면 되므로 물리적인 큐비트 수만 늘리는 것은 일도 아니지만, 무작정 큐비트 수만 늘린 CPU는 계산을 못한다. 결맞음 시간의 문제 외에 패키징 문제도 있다. 초전도 양자컴퓨터에서는 읽기, 쓰기, 조절 등을 위해 큐비트 하나당 4~5개의 전선이 달려 있고, 이 전선들은 한 개의 큐비트와 외부 장치를 연결한다. 큐비트가 1000개만 돼도 냉동기 안에 전선이 4000~5000가닥이 들어가야 하므로 이를 잘 조립하는 것이 보통 일이 아니다. 초전도 양자컴퓨터에 쓰이는 희석식 냉동기가 샹들리에같이 화려하게 보이는 것은 반짝이는 전선으로 가득 차 있기 때문이다. 큐비트 수를 늘리려고 큐비트들과 전선들을 더 조밀하게 배치하면 엉뚱한 큐비트가 연산되어 혼선이 일어난다. 큐비트와 전선 수가 많아지면 요구되는 냉동 용량도 커지는데, 냉동기들도 용량에 한계가 있다. 앞으로 10만 큐비트짜리 초전도 CPU를 만든다고 하는데, 냉동기 문제를 어떻게 해결할지도 주목할 부분이다.

초전도 큐비트를 개발하고 있는 대표적인 회사로 IBM, 구글, 디웨이브D-wave 등이 있다.

이온덫 양자컴퓨터

이온이란 원자에서 전자가 한두 개 떨어져 나갔거나 전자가 더 붙어 있어 순 전하를 가진 입자다. 순 전하를 가지고 있기 때문에 전기장을 걸어서 한정된 공간에 가두어두고 큐비트로 사용하기에 좋다. 이런 식으로 이온들을 붙잡아놓고 큐비트로 사용하는 양자컴퓨터가 이온덫 양자컴퓨터다.

이 양자컴퓨터에서는 이온들이 가지는 여러 가지 에너지 상태 중에서 두 개를 골라 0과 1로 사용한다. 두 상태의 에너지 차와 같은 크기의 에너지를 가진 전자기파를 쏘아주면 낮은 에너지 상태는 높은 에너지 상태로 가고, 높은 에너지 상태는 낮은 에너지 상태로 간다. 그리고 전자기파를 쏘아주는 시간을 조절하면 둘의 중첩 상태를 만들 수 있다. 이온덫 양자컴퓨터에서는 마이크로웨이브나 빛 영역의 전자기파를 이용하여 단일 큐비트 연산을 한다.

이온들을 공중에 일렬로 잡아놓고 양쪽 끝의 이온들이 도망가지 못하게 전기장으로 밀어주면 이온들은 마치 스프링으로 연결된 구슬들이 두 벽 사이에 매달린 것처럼 진동한다. 이온덫 양자컴퓨터에서는 이 진동 모드를 이용해서 두 큐비트 사이에 이중 큐비트 연산을 수행한다.

실제 장치를 보면 이온들을 덫에 잡아놓았는데 다른 원자들이 와서 방해하지 않도록 그림 3-14와 같이 생긴 구조물이나 혹은 이를 칩 형태로 만든 CPU를 진공 체임버 안에 넣는다. 나머지 장치들 대부분은 레이저를 정교하게 조작하기 위한 광학 부품들로서 미세한 진동을 차단하기 위해 제작된 광학테이블 위에 빼곡히 배치되어 있다(그림 3-15). 그리고 그 주변에 설치된 선반에는 이들 부품을 작동시키기 위한 장비들이 배치되어 있다.

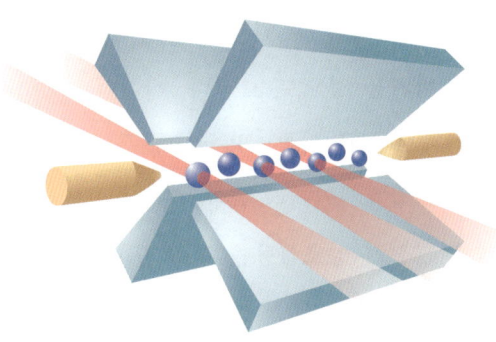

그림 3-14 이온덫 양자컴퓨터 CPU. 파란 공은 이온들을 나타내고 4개의 파란 판과 2개의 구리봉은 전기장을 걸어 이온들을 덫에 걸려 있게 하는 전극들이다. 빨간색 레이저가 단일 큐비트 연산을 한다.

그림 3-15 이온덫 양자컴퓨터 플랫폼. 왼쪽 아래 확대된 사진의 진공 체임버 안에 CPU가 들어가 있고, 조작을 위한 광학 부품들이 광학테이블 위에 가득 차 있다.

하나의 덫에 잡아놓을 수 있는 이온의 수는 많아도 100개를 넘어가기는 버거울 것으로 보인다. 이러한 확장성의 한계를 극복하기 위해서 서로 다른 CPU 안에 든 이온들을 광섬유를 이용해서 상호작용시키거나 혹은 한 CPU에 속한 이온을 다른 CPU에 접근시켜 상호작용을 시킨 후 다시 데리고 돌아오는 방법을 쓰기도 한다. 대표적인 회사로 아이온큐, 퀀티넘 Quantinuum 등이 있다.

중성원자 양자컴퓨터

중성원자란 그냥 원자를 말하는데, 순 전하를 가진 이온이 양자컴퓨터에 쓰이고 있으므로 이와 대비하여 순 전하를 가지고 있지 않다는 점을 강조하기 위해 이렇게 부른다. 중성원자는 전하가 없으므로 힘을 가하기가 어려워 어디에 잡아두기가 마땅치 않다. 그랬던 것이 광집게 optical tweezers가 등장하면서 유망한 큐비트 시스템 중 하나로 떠올랐다. 레이저를 한 점에 집속하면, 빛이 비치는 영역 안에 있던 작은 입자들이 빛의 세기가 센 곳으로 끌려가는 힘을 받게 된다. 이렇게 가장 빛이 센 위치에 입자를 붙잡아두는 장치를 '광집게'라고 부른다. 중성원자 양자컴퓨터에서는 원하는 수만큼의 원자를 공간에 광집게로 붙잡아놓고 큐비트로 사용한다. 일단 원자를 잡아둔 다음, 두 가지 원자 에너지 상태를 0과 1로 정하는데, 두 상태의 전자기파 에너지 차이는 우리가 잘 다룰 수 있는 범위로 정한다. 그러면 물론 단일 큐비트 연산은 그 전자기파로 할 수 있다.

광집게로 원자를 한 위치에 잡아두는 일만 하는 것이 아니다. 레이저의 집속 위치를 이동시키면 잡힌 입자도 같이 이동시킬 수 있다. 광집게를 이동시켜 원자로 글씨를 쓰기도 하고 에펠탑 같은 삼차원 모형을 만들기도 한다(그림 3-16). 이중 큐비트 연산은 두 개의 원자가 상호작용을 해야 수행되므로 필요할 때 두 개의 원자를 가까이 접근시켜야 하는데, 이 일도 물론 광집게를 이동시켜 할 수 있다. 2023년 말에는 격자형으로 배열된 49개의 원자를 일사불란하게 움직여, 같은 모양으로 배열된 49개의 원자들에 거의 포개지도록 근접시켜 상호작용을 시킨 후 다시 제자리로 데리고 돌아오는 실험 결과를 보여준 논문이 발표되었다.[17] 49개의 원자로 논리 큐비트를 구현했음을 시연한 것이다(그림 3-17).

이 논문에는 이 과정을 찍은 동영상도 있다.[18] 동영상에 나온 초록 점들은 그린 것이 아니고 원자들이 빛을 내도록 하여 실제 모습을 찍은 것이다. 이 동영상을 한번 찾아보기를 권한다. 나는 이 동영상을 보고 이제 인간은 원자를 마음대로 조작

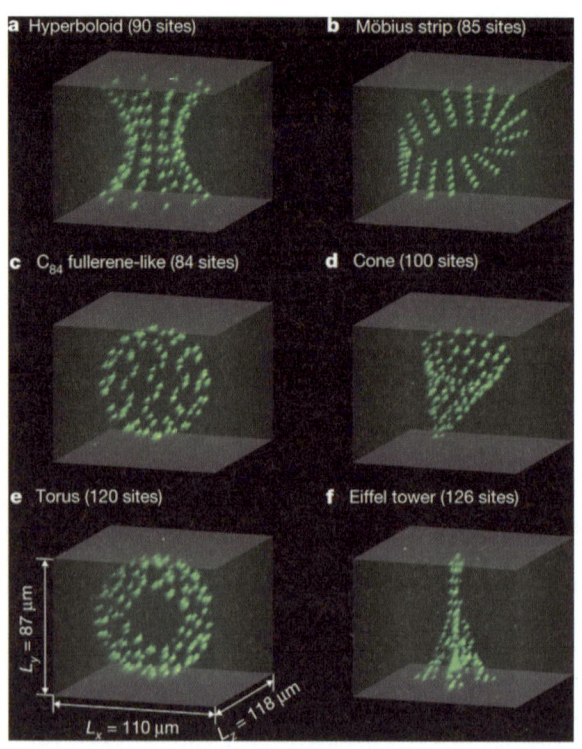

그림 3-16 광집게를 이용해 중성원자로 만든 삼차원 모형. 초록색 점 하나하나가 원자다.

하는 신의 경지에 들어섰구나 하고 감동을 받았다.

중성원자 양자컴퓨터 장치의 모양은 겉으로 보기에 이온 덫 양자컴퓨터 장치와 유사하다. 원자들을 포획하여 조작하는 데 필요한 진공 체임버와 그 밖의 광학 도구들이 광학테이블

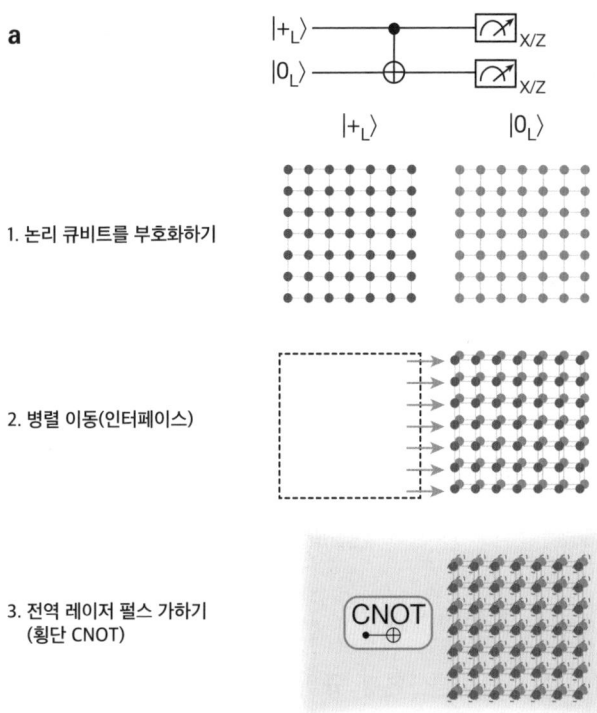

그림 3-17 49개의 물리 큐비트로 이루어진 논리 큐비트를 인접한 다른 논리 큐비트로 이동시켜 CNOT 연산을 시킨 논문의 그림.

위를 가득 채우고 있다. 이 플랫폼에서는 원자를 포획하여 잡아두거나 이동시키고 연산하는 데 모두 레이저를 쓴다. 그래서 레이저가 안정적이어야 한다. 주파수도 안정적이어야 하고 세기도 안정적이어야 한다. 또한 논리 큐비트를 구성하는 물리 큐비트 모두에 똑같은 연산을 가하려면, 하나의 레이저에서 나온 빛을 여러 큐비트에 나누어 써야 한다. 이 방식은 연산의 정밀도를 높여주지만, 큐비트 수가 많아질수록 각 큐비트에 가는 빛이 약해지기 때문에, 레이저 자체의 세기도 함께 강해져야 한다. 레이저의 안정성과 세기가 이 플랫폼의 큐비트 수 확장에서 해결해야 할 주요 문제다. 대표적인 회사로 큐에라Quera, 파스칼Pascal, 아톰컴퓨팅Atom Computing 등이 있다.

광 양자컴퓨터

광 양자컴퓨터에서는 광자의 편광 방향이나 시공간적 위치를 큐비트로 사용한다. 편광 큐비트에서는 수직과 수평 편광을 0과 1로 사용하며, 편광 방향을 바꾸는 파장판을 통해 하나의 큐비트 상태를 조작할 수 있다. 두 큐비트 간 얽힘을 만들고 조작하는 이중 큐비트 연산에는, 비선형광학물질에서 생성된 얽힌 광자쌍이 필요하다. 광 양자컴퓨터 플랫폼은 빛을 사용하므로 모든 장치가 광학테이블 위에 올라가 있다.

광 양자컴퓨터는 질량이 있는 물체에 기반을 둔 다른 양자컴퓨터들과는 속성이 매우 다르다. 광자는 주변 환경과 잘 상호작용하지 않으므로 결맞음 시간이 길다는 점이 최대 장점이

그림 3-18 광학테이블 위에 구성된 광 양자컴퓨터.

며, 그야말로 '빛 속도'로 날아다니며 연산을 수행하는 광소자들을 만나므로 연산 속도도 최고다. 다만 광자가 날아가는 동안 만나는 물체에 흡수되어 없어질 수 있으며, 기본적으로 가만있지 않고 계속 날아다니기에 거추장스러운 문제점들이 생긴다. 또한 광자는 자연상태에서 상호작용을 하지 않기 때문에 광자를 큐비트로 사용하는 이 기술에서는 얽힘을 만드는 이중 큐비트 연산이 복잡하고, 확률적으로만 이루어진다는 점도 단점이다. 큐비트 수가 늘어남에 따라 두 큐비트 간 얽힘을 만들어주거나 풀어주는 기본 연산인 조건부 NOT 연산 controlled-

NOT(CNOT)의 수도 같이 늘어난다. 그래서 CNOT 연산이 확률적으로 이루어지면 알고리듬 전체가 제대로 수행될 가능성이 지수적으로 감소한다.

또한 연산은 공간에 배치된 광학소자들에 의해 수행되기 때문에 장치가 커지며, 더구나 알고리듬이 달라질 때마다 광학소자들의 배치를 바꾸어야 하므로 실용성에서 완전히 거리가 멀었다. 이러한 점을 개선하기 위해 요즘은 광학테이블 위에 연산에 쓰이는 광학소자들을 나열하는 대신 하나의 칩 위에 집적한 IC 칩 형태로 만드는 방향으로 개발이 진행되고 있다. 그리고 알고리듬에 따라 매번 광학소자의 배열을 바꿔주

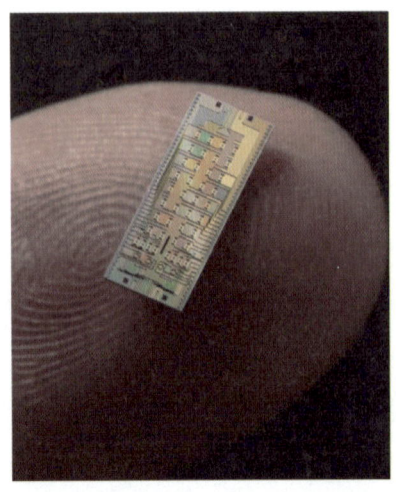

그림 3-19 프로그램 가능한 광 양자컴퓨터 IC 칩.

는 대신 소자를 프로그램할 수 있는 방법이 개발되고 있다.

광 양자컴퓨터는 이렇게 새로운 방식으로 단점들을 하나씩 극복하는 혁신이 계속되고 있어 앞으로의 발전이 주목된다. 광 양자컴퓨터 회사들은 매우 대담한 목표를 계속 제시하고 있다. 대표적인 회사로 자나두Xanadu, 사이퀀텀Psi Quantum 등이 있다.

양자점 양자컴퓨터

양자점quantum dot이란 삼차원적으로 주변과 분리되어 전자를 가둘 수 있는 나노 크기의 작은 구조물을 말한다. 화학 조성이 다른 두 개의 반도체를 붙여놓으면 전자가 두 반도체의 접촉면만을 따라 움직이는 이차원 시스템을 만들 수 있다. 이 접촉면 위에 조그만 크기의 전극을 붙여 전자를 끌어당기면 전자는 그 전극 밑의 에너지 장벽에 갇히게 된다. 제한된 공간에 전자가 구속돼 있다는 점에서 원자와 유사한 환경이다.

양자점에 자기장을 걸면 양자점에 갇힌 전자는 스핀업 상태와 스핀다운 상태의 에너지가 달라지고 이를 각각 0과 1 상태로 쓸 수 있다. 자기장이 없으면 두 스핀 상태의 에너지는 같다. 단일 큐비트 연산을 할 때는 양자점에 갇힌 전자에 스핀

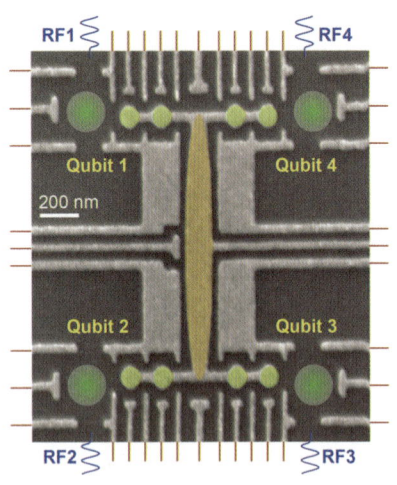

그림 3-20 기판에 그려진 양자점 큐비트.

업과 스핀다운 상태의 에너지 차에 해당하는 전자기파를 쏘아 준다. 이중 큐비트 연산은 두 개의 양자점 사이의 전자기적 상호작용에 의해 이루어진다. 두 양자점 사이에 전극을 놓아 두 양자점에 있는 전자의 파동이 겹치는 정도를 조절하여 상호작용을 통제할 수 있다.

양자점 양자컴퓨터의 최대 장점은 우리가 원하는 형태와 성질을 가진 큐비트를 마음대로 설계할 수 있다는 것이다. 양자컴퓨터 개발 초창기 핵자기공명 양자컴퓨터가 자연 상태의 분자를 이용한 CPU를 사용해 CPU의 선택에 제약이 많았던 것에 비하면 대단한 장점이다. 그러나 자연이 만든 분자에 비해 인간이 만든 양자점은 주변과의 상호작용이 심하고 큐비트 간 상호작용 조절이 어려워 개발이 쉽지 않다.

점결함 양자컴퓨터

결정이란 같은 원자들이나 분자들이 무한히 규칙적으로 반복되는 구조물을 말한다. 이 원자들 중 하나가 다른 불순물 원자로 치환되거나 빠지는 등의 결함이 생기면 그 위치에는 주변 원자보다 전자가 하나 더 생기거나 모자라는 상황이 발생한다. 이런 결함 중에는 큐비트로 유리하게 활용할 수 있는 경우들이 있다. 예를 들어 실리콘 결정에 인 원자 하나가 불순물로 들어간 상황을 생각해보자. 원자에는 전자가 들어갈 수 있는 궤도가 여러 개 있는데 전자들은 가장 에너지가 낮은 상태부터 차곡차곡 채워 들어간다. 에너지가 높은 궤도는 낮은 궤도보다 더 반경이 크기 때문에 원자의 바깥쪽에 위치한다. 원자들이 화학결합을 할 때는 제일 바깥쪽에 있는 전자들만이 관여하기 때문에 화학결합에서는 이 전자들이 중요하고, 그래서 이 전자들을 특별히 '최외각전자'라고 부른다. 실리콘(규소)은 최외각전자가 4개인 소위 4족 원소고 인은 이보다 하나가 더 많은 5족 원소다. 그래서 실리콘 원자를 치환하여 들어간 인 원자는 주변보다 전자가 하나 더 많아 마치 실리콘 원자들의 핵과 전자들로 중성이 된 푸딩에 전자가 하나인 수소 원자 하나가 박혀 있는 것 같은 상태가 된다. 즉 공중에 떠 있어 외부와 차단된 원자와 유사한 상황이 되어 큐비트로 사용하기에 적합하다.

결정을 이루는 원자를 치환해 들어간 불순물뿐 아니라 원자가 빠진 결함도 비슷한 역할을 할 수 있다. 다이아몬드 NV 센터는 3장 양자센서 부분에서 설명했듯이, 탄소 자리에 질소가 들어가고 인접한 탄소가 빠져나간 결함 구조를 말하는데, 공간에 분리된 한 개의 원자같이 외부 간섭을 거의 받지 않아 결맞음 시간이 길다. 0과 1로 사용하는 두 상태 간의 에너지 차이가 마침 우리가 다루기 좋은 주파수 영역에 있다는 점도 이 시스템의 최대 장점으로서, 이 주파수에 맞는 마이크로파나 광파를 사용하여 단일 큐비트 연산을 한다.

불순물은 고체 재료 기반으로 큐비트를 구현한 양자컴퓨터의 골칫거리가 되기도 한다. 자연계에 존재하는 탄소는 대부분 양성자 6개와 중성자 6개로 이루어진 핵을 가진 탄소-12인데, 이것보다 중성자 하나를 더 가진 동위원소 탄소-13이 약 1% 존재한다. 탄소-13은 알짜 핵스핀을 가지고 있어서 탄소-12 대신 탄소-13이 포함되면 이 핵스핀이 NV 센터의 전자스핀과 상호작용을 일으켜 결맞음 시간을 감소시킨다. 1%면 별것 아닌 것 같지만 입자를 가로, 세로, 높이로 5개씩 쌓으면 125개가 되니까 탄소 결정에서 가로 방향이든 세로 방향이든 높이 방향이든 어느 방향으로도 5개마다 하나는 탄소-13이 있다는 이야기이므로 꽤 많이 존재한다. 그래서 이 동위원소를 제거하기 위해서 가능한 한 순수한 탄소로 인조 다이아몬드를 만들어 사용하기도 하고, 혹은 역발상으로 인접한 NV 센터들 간의 상호작용을 유도해 얽힘을 형성하는 데 이 탄소-13을 매개체로 사용하기도 한다.

큐비트로 사용하는 NV 센터들을 우리가 원하는 장소에 규칙적으로 만들어내기가 어려운 점도 문제다. 결국은 나노기술의 발전과 함께 다 해결될 문제들이기는 하지만, 현재로는 불순물 문제와 NV 센터들의 상호작용 제어 문제가 이 시스템의 가장 큰 난제다. 이 두 가지 문제는 만만치가 않은데 최근에 많은 진전을 이루었다.

위상 양자컴퓨터

폴 디랙Paul Dirac은 상대론과 양자론을 합한 상대론적 양자론을 만든 사람으로서 머리가 좋기로 유명했다. 한번은 디랙이 지인의 집에 초대를 받아 갔다가 한 부인이 뜨개질하는 모습을 보게 되었다. 디랙은 한참 동안 뜨개질을 보다가 떠날 때 그 부인에게 다가가 "부인의 뜨개질과 위상학적으로 다른 뜨개질 방법을 하나 찾아냈습니다"라고 말하면서 자신이 새로 발명한 뜨개질 방법을 시범으로 보였다. 그랬더니 그 부인이 디랙의 뜨개질을 물끄러미 바라보다가 이렇게 말하더라는 것이다. "우리는 그 방법을 '안뜨기'라고 불러요."

우리는 위상을 여러 의미로 쓰지만 여기서 말하는 위상은 영어로 topology를 번역한 말로, 간략히 말해 점, 선, 면들의 형상이나 위치 관계를 연구하는 수학이다. 이 위상수학의 한 분야인 땋임이론Braid Theory에서는 선들이 꼬이는 방식에 관해 연구한다. 그래서 디랙은 뜨개질에서 선들이 꼬이는 방식이 다른 걸 위상이 다르다고 표현한 것이다.

위상 양자컴퓨터에서는 정보를 한 개 입자의 속성이 아닌, 여러 입자의 상대적인 배치에 저장한다. 애니온anyon이라는 특수한 입자들이 서로를 어떻게 감싸며 움직였는지에 정보가 저장되는 것이다. 이런 입자들의 움직임을 그림 3-21처럼 시간 따라 층층이 그려주면 마치 머리카락을 땋아 매듭을 만드는 과정과 유사하여 땋임이론이 적용된다. 개별 입자의 위치는 외부 환경과의 상호작용에 의해 교란될 수 있지만, 입자들의 전체적인 꼬임 구조는 쉽게 변하지 않는다. 따라서 이런 방식으로 정보를 저장하면 작은 오류나 잡음에 강한 내성을 갖

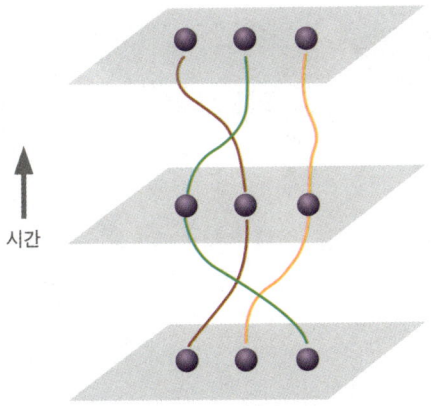

그림 3-21 입자들의 상대적 위치가 큐비트의 역할을 한다.

게 된다. 덕분에 위상 양자컴퓨터는 이론상 무오류에 가까운 양자계산을 수행할 수 있다.

 위상 양자컴퓨터에 사용할 수 있는 애니온의 후보로는 여러 가지가 제안되었으나 아직 결정적인 실험 증거가 발견되지 않았다. 2025년 초 언론에서는 오랫동안 위상 양자컴퓨터의 연구를 지원해온 마이크로소프트가 무오류 양자컴퓨터를 만들 수 있는 위상 큐비트를 개발한 것같이 보도했다. 그러나 정확히는 무오류 큐비트를 만든 것이 아니고 무오류 큐비트 개발에 중요한 측정기술에 진전을 이루었다는 내용이었다.

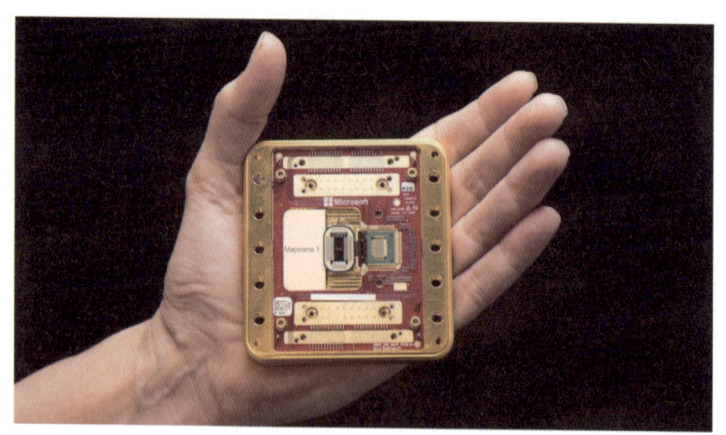

그림 3-22 마이크로소프트의 위상 양자컴퓨터 칩.

최후 승자의 요건

'실용적인 양자컴퓨터는 언제쯤 가능한가'라는 질문 다음으로 가장 많이 받는 두 번째 질문은 '도대체 어떤 시스템이 최종 승자가 될 것인가' 하는 점이다. 당연한 일이다. 가장 좋은 컴퓨터가 전체 시장을 석권할 테니 그것이 무엇인지를 아는 것은 중요하다. 양자컴퓨터에 관한 책을 처음 쓰고 났더니 여러 유튜브에서 나와달라고 했다. 이 중에 주식 투자에 관련된 곳들이 많아서 왜 그런가 했더니, 책이 나오기 바로 전 양자컴퓨터 회사 한 곳이 뉴욕 증시에 상장했고 한국인들이 그 주식을 많이 샀다고 했다. 그런데 그 주식값이 곤두박질을 쳤고 그제서야 양자컴퓨터가 뭔지도 모르고 투자했던 투자자들이 '내가 도대체 뭘 산 거야?' 하고 양자컴퓨터를 알고자 했던 것이었다. 어떤 양자컴퓨터가 승자가 될 것인지는 주식 투자를 하지 않는다고 해도 호기심이 발동하는 주제다.

양자컴퓨터는 물론 가장 우수한 시스템 하나가 시장을 거의 독식하겠지만, 어쩌면 1등과는 다른 장점을 부각한다면 2등 정도는 일부 시장을 차지하며 공존할 수도 있으리라 본다. 예를 들어, 컴퓨터 데이터 저장매체는 자기기록 방식의 하드디스크가 장악했지만, 강유전체를 사용하는 방식의 저장매체인 USB 메모리가 나타나 간편성을 추구하는 틈새시장을 노리더니 이제는 매우 광범위하게 쓰이고 있다. 또 반도체는 4족 원소인 실리콘만 쓰이는 것이 아니라, 3족과 5족을 합한 갈륨아세나이드(GaAs) 같은 화합물도 특수한 용도로 쓰이고 있다. 양자컴퓨터 플랫폼들도 각각 장단점이 뚜렷하여 이렇게 시장을 나누어 서로 다른 용도로 사용될 가능성이 있다고 본다. 그래도 어쨌든 가장 성능이 우수한 시스템이 대부분의 시장을 장악할 것은 명백한 일이다.

2000년경에는 핵자기공명 양자컴퓨터가 가장 유행이었다. 자기공명은 다양한 양자컴퓨터 시스템에서 많이 쓰는 방법이고 핵스핀을 사용하는 다른 방식들도 있기 때문에 '핵자기공명 양자컴퓨터'라는 이름은 마치 이 방식이 자기공명을 독점적으로 사용하는 것처럼 다소 오해를 줄 소지가 있다. 핵자기공명 양자컴퓨터는 요즘의 명명법을 따른다면 '자연 분자 양자컴퓨터'였다. 자연에 존재하는 분자 중에서 CPU로 사용하기 가장 좋은 분자를 골라 그 분자를 이루는 원자들의 핵을 큐비트로 하고 자기공명을 연산장치로 사용하는 방식이었다. 자연이 만들어준 분자는 인공적인 큐비트들보다 훨씬 성능이 좋았기에 핵자기공명 양자컴퓨터는 소위 확장성이 없었음에도 불구하고 양자컴퓨터 발전 초기에 양자컴퓨터와 양자알고리듬을 시연하는 데 가장 많이 사용되었다.

약 10년이 지난 2010년경에는 이온덫 양자컴퓨터가 가장 유망했다. 핵자기공명 양자컴퓨터는 약 11큐비트 정도를 시연한 후 어차피 20큐비트도 가지 못할 거 더이상 큐비트 수 경쟁을 하는 것이 무의미하다고 판단해 추가적인 개발을 중지했다. 반면 이온덫 양자컴퓨터는 확장성이 있어서 계속 발전해갔다. 뉴욕 증시에 상장되어 각광받았던 아이온큐가 만드는 양자컴퓨터 방식이 바로 이온덫 방식이다.

또다시 10년이 경과한 2020년경에는 초전도 양자컴퓨터가 가장 유명했다. 대기업인 IBM과 구글이 이 방식을 택해서 서로 경쟁적으로 발전시켰기 때문인지 발전이 빨랐다. 그리고 양자컴퓨터 연구가 다시 세간의 이목을 집중시킨 사건이

2019년에 있었는데, 바로 구글이 만든 초전도 방식 양자컴퓨터가 양자 우월성을 보였다는 발표였다. 그 당시 구글은 53큐비트를 가진 양자컴퓨터로 슈퍼컴퓨터보다 훨씬 빠른 계산을 할 수 있음을 실증했다고 발표했으며 2024년에는 105큐비트를 가진 개선된 양자컴퓨터로 슈퍼컴퓨터와의 차이가 천문학적으로 벌어졌다고 발표했다.

2023년 말에는 중성원자를 이용한 양자컴퓨터가 놀라운 성능을 보여주며 등장했다. 중성원자 양자컴퓨터 시스템은 현존하는 여러 개의 양자컴퓨터 중에서도 가장 개발이 덜 된 시스템으로 평가받고 있었는데, 어느 날 갑자기 앞선 플랫폼들을 다 제치고 혜성같이 등장한 것이었다. 양자컴퓨터 개발에 있어 최대 걸림돌은 오류인데, 모든 오류 정정 실험은 원론적인 수준에서 이론을 확인해보는 정도였다. 개별 큐비트의 오류가 여전히 큰 데다가 논리 큐비트를 만들 만큼 많은 물리 큐비트를 만들 수 없어 오류 정정 알고리듬을 완전히 구현하고 검증하기에는 한계가 있었던 것이다. 그런데 중성원자 시스템에서 오류 정정이 제대로 된 논리 큐비트가 시연되었고 더구나 확장성에서 전망이 매우 좋아 보였다.

이렇게 계속 엎치락뒤치락해온 양자컴퓨터 개발의 역사가 주는 가르침은 최종 승자가 누가 될지 끝까지 알 수 없다는 것이다. 전문가들의 의견이 하나로 모이지 않을 것은 뻔한 일이다. 다들 다르게 생각하고 있으니 모든 양자컴퓨터 플랫폼이 연구되고 있는 것이 아니겠는가. 내가 어느 한 시스템을 우승 후보로 찍는다고 해도 맞을 확률은 6분의 1 정도라고 하겠다. 다른 전문가들의 많은 공감을 받을 것이라고는 생각되지 않으나, 어쨌든 우승 후보에 대한 나의 개인적인 편견을 이야기해보려 한다. 참고로 나는 주식 투자를 해도 돈을 잃는 편이다.

현재 양자컴퓨터 개발의 화두는 오류 정정과 확장성이며, 이 두 가지는 모든 양자컴퓨터 시스템에 공통적이다. 이런 이야기가 있다. 로켓 발사 총책임자에게 이번에 로켓이 성공적으로 발사될 확률이 얼마나 되냐고 물으면 100%라고 대답하는데, 중간 관리 책임자에게 물으면 60%라고 답하고, 맨 아래 실무자에게 물으면 날아가면 기적이라고 답한다는 것이다. 오류 정정과 확장성의 문제를 해결하기 위해 양자컴퓨터 개발이 넘어야 할 산들을 생각하면 이 농담이 웃기지 않다. 양자컴퓨터를 연구하는 사람 중에 양자컴퓨터 회사 주식을 가진 사람은 없으며, 앞으로 양자컴퓨터가 실용화되어 큰 변화를 일으켜도 돈을 많이 버는 연구자는 없을 것이다. 직접 연구해보면 너무 어려워서 도저히 될 것 같다는 생각이 들지 않기 때문이다. 그러나 돌이켜보면 여기까지 온 것만도 기적이다. 앞으로도 기적 같은 혁신은 계속될 것이다.

실용적인 양자컴퓨터가 되는 데 필요한 요소 중에 내가 주목하는 요소는 결맞음 시간과 연결성이다. 이 두 가지 요소는 오류 정정 및 확장성과 관계가 있다. 앞에서 언급한 여섯 가지 양자컴퓨터 시스템 중에서 세 가지는 기판 위에 큐비트를 만들어 작동하고, 나머지 세 가지는 큐비트가 외부 환경과 격리되어 있다. 전자에 속하는 세 가지는 초전도, 양자점, 점결함 양자컴퓨터고 후자에 속하는 세 가지는 이온덫, 중성원자, 광 양자컴퓨터다. 기판 위에 큐비트를 만드는 방식의 장점은 우리가 마음대로 CPU를 설계할 수 있으며 우리나라의 발달된 반도체소자 생산 기술을 응용할 수 있다는 점이다. 가장 큰 단점은 주변과의 상호작용에 취약하여 결맞음 시간이 짧고 연결성이 나쁘다는 점이다. 우선 결맞음 시간에 대해 알아보자.

전하들 간의 전기력은 매우 강하다. 양성자와 전자 사이의 전기력은 둘 사이의 중력보다 약 10^{39}배 정도 강하다. 전기력이 얼마나 큰지 실감 나게 표현하기 위해 일반물리학 책에 나오는 예를 하나 들자면, 전자를 60kg씩 두 뭉치를 (어떻게든) 만들어 1m 거리를 떨어뜨려 놓았을 때 둘 사이에 미치는 힘은 지구의 무게, 즉 지구 두 개를 서로 맞붙여놓았을 때 둘 사이에 작용하는 중력과 유사하다. 기판에 붙어 큐비트의 역할을 하는 전자 하나는 주변에 수십, 수백억 개의 핵이나 전자들과 가깝게 상호작용하고 있다. 모든 상호작용은 오류를 유발한다. 얽힘을 만들 때 사용되는 큐비트 간의 상호작용과 큐비트를 읽거나 쓸 때 사용되는 전자기파를 제외한 모든 상호작용은 결맞음 시간을 단축시키고 오류의 원인이 된다. 큐비트 간 상호작용이나 외부 전자기파도 필요할 때만 있어야 하는데, 그렇지 못하면 오류의 원인이 된다. 기판 위에 붙은 큐비트는 어마어마한 오류의 원천에 둘러쌓여 있는 셈이다.

그런데도 점결함이나 양자점, 초전도소자들은 퍽 주변과 격리된 것처럼 작동한다. 양자물리에 따르면, 원자나 이온들이 균일하게 분포할 경우, 이런 일이 가능하다. 하지만 이러한 소자들이 이론의 예측대로 작동하는 것은 이론이 가정하는 대로 이상적인 상황이 준비되었을 때뿐이다. 이들이 제작된 기판의 원자 배열에 결함이 있다든지, 불순물이 들어 있다든지, 전극과 기판의 접합이 나쁘다든지 등 불완전한 점이 있으면 당연히 완벽하게 작동하지 않는다. 이런 결점들은 모두 실험에 영향을 미쳐 결과로 나타난다.

양자점 큐비트는 중성원자나 이온, 혹은 광자 등 자연을 그대로 이용하는 것이 아니라, 큐비트를 인간이 원하는 형태로 제작할 수 있다는 장점 때문에 양자컴퓨터 개발 초기부터 기대를 모았다. 그러나 큐비트와 주변과의 상호작용을 통제하는 것은 매우 어려운 일이어서 지난 25년간 연구개발에 힘썼음에도 다른 시스템에 비해 큰 발전이 없다. 기판 위에 붙은 한 개의 전자를 외부와 단절된 큐비트처럼 작동하도록 하여

10큐비트 정도를 구현했다는 사실만으로도 감탄할 만하다.

점결함 큐비트에 존재하는 전자도 비슷하게 주변의 수많은 양이온이나 전자와 아주 가까이에서 상호작용을 한다. 점결함에서 불순물은 결맞음 시간을 깎아 먹는 골칫덩어리다. 완전히 없애기도 어렵고 또 불순물의 위치를 제어할 수도 없다. 큐비트를 마음대로 배치하기 어렵다는 점과 함께 점결함 양자컴퓨터가 넘어야 할 큰 숙제다. 점결함 큐비트와 양자점 큐비트는 인류의 나노기술 발전과 함께 점차 좋아질 것이지만 시간이 오래 걸릴 것이다. 비슷한 연구 경험을 가진 입장에서 이 두 분야의 발전을 바라 마지않는 바이지만 이 분야 연구자들의 앞날이 순탄하지만은 않을 것 같다.

초전도 큐비트도 기판 위에 만드는 것이므로 양자점이나 점결함 큐비트와 유사하게 주변과의 상호작용에서 자유롭지 않다. 그런데 초전도 큐비트는 양자점이나 점결함 큐비트와는 달리 0과 1을 나타내는 양자 상태를 한 개의 전자가 만드는 것이 아니라 전류, 즉 흐르고 있는 많은 전자가 만들고 있다. 초전도 상태는 이런 특이한 특성 때문에 거시적인 크기에서도 양자 현상이 관측되는 드문 예로 꼽으며, 집단이 만드는 상태를 큐비트 0과 1로 사용한다는 점은 위상 양자컴퓨터와 닮았다. 많은 전자가 집합적으로 만드는 현상이기 때문에 주변과의 상호작용에 상대적으로 더 강한 저항력이 있다. 이런 점 때문에 똑같이 기판 위에 붙어 있더라도 초전도 큐비트가 양자점이나 점결함에 비해 성공적이었다고 생각한다.

상대적으로 적기는 하지만 그래도 주변과의 상호작용은 어쨌든 있는 것 아니냐는 나의 질문에, IBM에서 양자컴퓨터 개발팀을 이끌고 있는 제이 감베타Jay Gambetta 박사는 "그것은 쿨롱 힘이기 때문에 얼마든지 처리 가능하다"라고 대답했다. 주변과의 전기적인 상호작용은 초전도 현상을 만드는 상호작용과 별도로 처리할 수 있다는 뜻으로 해석된다.

어쨌든 현실은 초전도 큐비트를 비롯해 기판 위에 만드는 큐비트들의 결맞음 시간은 그렇지 않은 큐비트들에 비해 짧다. 광은 중간에 사라져서 문제지 이론상 결맞음 시간이 무한대다. 중성원자나 이온 등의 결맞음 시간은 초 단위로 측정되는 반면, 초전도, 양자점, 점결함 큐비트들의 결맞음 시간은 마이크로초 단위로 측정된다. 큐비트의 수와 함께 결맞음 시간은 계속 개선되고 있지만, 마이크로초 안에 모든 계산을 끝내기가 쉽지 않게 느껴진다.

실용적인 양자컴퓨터가 갖추어야 할 덕목 중 하나는 연결성이다. 연결성은 각 큐비트가 다른 큐비트와 직접 얼마나 쉽게 상호작용할 수 있는지를 의미한다. CNOT 연산을 할 때는 두 개의 물리적 큐비트가 상호작용하도록 두고 연산이 끝날 때까지 기다리면 된다. 상호작용의 세기는 거리에 따라 급격히 감소하기 때문에 보통 공간적으로 인접한 두 개의 큐비트 사이에서 이루어진다. 멀리 떨어진 두 개의 큐비트 사이에 CNOT 연산이 필요할 때는 어찌해야 할까?

인접한 큐비트들의 상호작용만 있는 시스템에서 멀리 떨어진 두 큐비트 간의 얽힘을 생성하는 이중연산은 교환 연산을 이용하여 구현할 수 있다. 교환 연산은 두 큐비트의 상태를 맞바꾸는 연산이다(그림 3-23). 멀리 떨어진 두 큐비트 사이에 얽힘을 만들려면 먼저 첫 번째 큐비트와 바로 인접한 두 번째 큐비트 사이에 CNOT 연산을 하여 얽힘을 만든다. 그리고 두 번째 큐비트와 인접한 세 번째 큐비트 간에 교환 연산을 하면 첫째 큐비트와 둘째 큐비트 간의 얽힘은 첫째 큐비트와 셋째 큐비트 사이로 옮겨가고 둘째 큐비트는 무관하게 된다. 그다음에는 셋째 큐비트와 인접한 넷째 큐비트 사이에 교환 연산을 하고, 이런 식으로 목표로 하는 큐비트까지 계속하면 결국

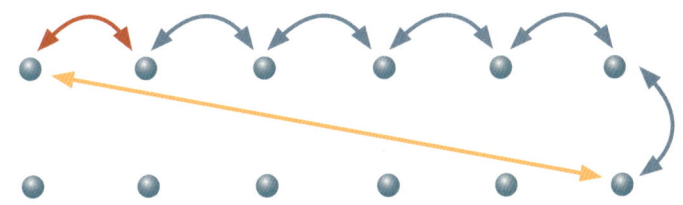

그림 3-23 인접한 큐비트 사이에만 CNOT 연산이 가능한 양자컴퓨터에서는 CNOT 연산(빨간색) 후 교환 연산(파란색)을 거듭해서 멀리 떨어진 큐비트 간의 CNOT 연산(노란색)이 이루어진다.

원하던 두 큐비트 사이에 얽힘을 만들 수 있다.

　CNOT 연산을 실제로 구현하려면 두 큐비트가 상호작용 하도록 하는 조작 이외에, 단일 큐비트 연산도 몇 개가 들어가야 한다. 그래서 CNOT 연산은 단일 큐비트 연산보다 연산 비용이 많이 든다고 말한다. 연산은 아무리 정교하게 해도 100% 완벽하게 할 수 없으므로 할 때마다 오류가 누적된다. 양자 알고리듬은 결맞음 시간 안에 마쳐야 하는데, 해야 할 연산의 수가 많으면 오답이 나올 가능성은 점점 커진다. 그러므로 연산 비용이 많이 드는 연산은 가능한 한 피해야 한다. 그런데 교환 연산은 CNOT 연산 세 개로 이루어지기 때문에 CNOT보다도 비용이 세 배나 더 든다. 10개 떨어진 큐비트 사이에 CNOT 연산을 하려면 처음 한 번의 CNOT 연산에 아홉 번의 교환 연산이 필요해 CNOT 연산을 총 $3 \times 9 + 1 = 28$번이나 해야 한다. 멀리 떨어진 두 큐비트 사이에 CNOT 연산을 하려면 배보다 배꼽이 훨씬 더 커지는 셈이다.

　기판 위에 만드는 큐비트 시스템들의 두 번째 문제는 바로 이 연결성이다. 기판 위에 큐비트를 그리는 모든 양자컴퓨터 시스템은 인접 큐비트들하고만 상호작용을 한다. 더구나 초전도 큐비트는 인접한 큐비트가 많지도 않다. 평면 위에 큐비트를 그린다면 정삼각형이나 정사각형이 반복되는 격자의 꼭짓점마다 큐비트를 그려서 한 개의 큐비트가 각각 6개나 4개의 인접한 큐비트를 가지도록 하는 것이 바람직하다. 그런데 이렇게 이웃이 많으면 큐비트의 결맞음 시간이 짧아져서 초전도 큐비트에서는 이웃을 3개만 두는 설계를 택하고 있다(그림 3-24). 이러면 연결성이 떨어져 멀리 떨어진 두 큐비트 사이에 수행해야 할 교환 연산의 수가 더 늘어난다. 그리고 이렇게 만든 큐비트들 중에 가끔 작동 불능인 것들은 피해서 연산을 수행해야 하므로 연산의 수는 또 더 늘어난다. 그러면 오류는 당연히 더 많이 누적된다.

연결성 문제는 큐비트의 수가 늘어나면 늘어날수록 더욱 심각해진다. 큐비트를 100개 넘게 가지고 있는 초전도 양자컴퓨터에서도 10큐비트가 넘어가는 양자 알고리듬을 수행하려면 연결성이 중요하지 않은, 즉 멀리 떨어진 큐비트 간 연산이 거의 필요 없는 특별한 알고리듬을 잘 찾아야만 한다. 연결성

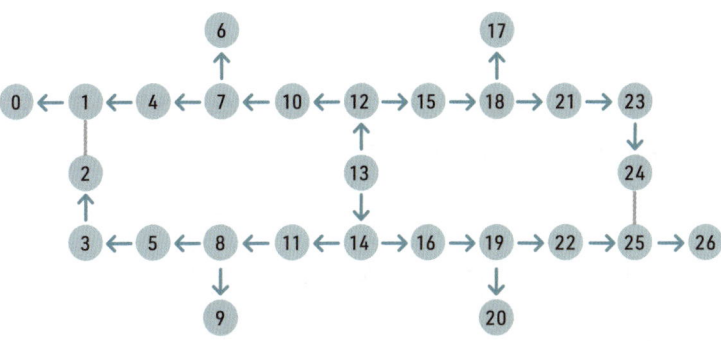

그림 3-24 IBM 초전도 큐비트의 배치. 인접한 큐비트의 수가 3개가 넘지 않도록 설계한다.

이 나쁜 양자컴퓨터 시스템은 범용으로 사용하기 힘들고 특수 목적형 양자컴퓨터가 될 가능성이 높다.

이온덫 방식에서는 일렬로 늘어선 이온들이 모두 스프링으로 연결된 것처럼 다 같이 진동하고 있다. 이렇게 다 같이 하는 진동을 매개로 임의의 두 큐비트 간에 이중 큐비트 연산을 할 수 있다. 중성원자 플랫폼에서는 상호작용을 시킬 임의의 큐비트들을 움직여 공간적으로 서로 가깝게 배치한다. 광양자컴퓨터에서는 상호작용을 시킬 임의의 두 개 광 큐비트를 한 개의 광소자로 모이게 해서 얽힘을 만든다. 이 세 가지 방식 중에서 2025년 현재로는 개발 역사가 긴 이온덫 방식이 가장 발달했고, 장래에는 중성원자 방식이 유망해 보이며, 광 양자컴퓨터는 혁신을 계속하고 있는 다크호스다.

결맞음 시간과 연결성에 관한 한, 기판에 큐비트를 그리는 시스템보다 그렇지 않은 시스템이 더 유리하다. 그러나 기판 위에 그리지 않는 중성원자, 이온덫, 광 플랫폼이라고 극복해야 할 문제가 없는 것은 당연히 아니며, 결맞음 시간과 연결성 이외에 다른 요소의 관점에서 보면 유리한 플랫폼은 달라진다. 어느 시스템이나 해결해야 할 문제는 산 넘어 산이다. 신의 경지에 도달하기가 쉽지는 않다.

8장

우리의 대처

양자기술은 누구에게나 기회와 동시에 위기를 가져온다. 개인 차원에서만이 아니라 기업과 국가에도 오게 될 텐데, 가장 심각하게 영향을 받을 곳은 기업이다. 기업에는 양자기술이 죽고 사는 문제다. 양자컴퓨터를 이용해 효율이 2% 높아진 배터리를 개발하는 기업은 전 세계 배터리 시장을 장악하는 기회를 얻겠지만 경쟁사들에게는 커다란 위기가 될 것이다.

기업

강연을 다니다 보면 상위 규모의 대기업들이 양자기술의

개발 현황을 주시하고 있음을 알 수 있다. SKT, 삼성전자, 현대자동차, 포스코홀딩스, LG전자 등은 자체의 양자기술 개발팀을 두고 있다. 동시에 양자기술 스타트업들도 많이 생겨나고 있다. 그런데 이 중간에 있는 기업들은 양자기술에 대해 상당히 무지한 편이다. 언론 매체에서 나오는 이야기들을 들어보면 인공지능처럼 거대한 변화가 곧 닥칠 것 같아 뭔가 준비를 해야 할 것 같기는 한데, 뭘 어떻게 해야 할지 막막한 것이다. 양자물리나 양자기술이 평소 우리 생활과 거리가 멀어 관련 상식이 부족하다 보니 진입 장벽이 높게 느껴진다. 뭘 해야 할지는 공부를 해야 알 수 있는데, 양자물리와 양자기술은 들어도 무슨 말인지 이해하기가 어렵다.

　기업은 양자기술의 개발에 참여하거나 혹은 이 기술을 이용할 수 있다. 한 나라의 양자기술이 발전하려면 기업이 하드웨어 개발에 참여해야 한다. 중국 같은 관 주도는 한계가 있다. 추격은 해도 추월하기는 쉽지 않다. 우리나라도 대기업들이 이 분야에 진입해주면 좋겠는데 대부분 진입을 꺼린다. 아니, 사실 우리나라만 그런 것이 아니고 전 세계가 비슷하다. 대기업이 주도하는 나라는 미국뿐이고 나머지 나라들은 스타트업이 주도하고 있다. 대기업들이 진입을 어려워하는 이유도 물론 진입 장벽이 높아서다. 이 기술에 대한 감이 없는데 갑자기 개발에 뛰어들 수는 없지 않은가.

IBM은 자체 연구소에서 원래 기초 연구를 하고 있었기에 2000년경 초전도 큐비트가 처음 등장했을 때부터 초전도 연구 응용의 일환으로 큐비트 개발에 참여했다. 남들이 다 포기하고 있을 때도 꾸준히 이 분야 개발에 투자하여 불씨를 꺼지지 않게 한 결과, 당연히 지금은 초전도 양자컴퓨터 분야에서 가장 앞선 기업이 되었다. IBM과 경쟁을 벌이고 있는 구글은 2013년 NASA와 함께 디웨이브의 아날로그 양자컴퓨터를 사서 가지고 놀아본 기업이다. 가지고 놀면서 양자컴퓨터가 가진 잠재력과 한계를 알게 되었고, 결국 자체 개발에 나서게 된 것이다. 초창기에 참여하지 않은 기업이 지금 들어오기는 쉽지 않을 것이다. 스타트업들은 모두 실험실에서 양자컴퓨터 하드웨어를 개발해본 경험을 바탕으로 창업했다.

양자컴퓨터 자체 개발에 뛰어들지 않는다고 하더라도 모든 기업은 최소한 양자컴퓨터의 능력에 대해서 알고 대비해두어야 한다. 매킨지 보고서에는 기업들이 양자기술에 대처하는 다섯 단계를 정리해놓았는데, 가장 중요한 첫 번째 단계는 이 기술의 발전을 예의 주시하고 있으라는 것이다.[19] 모든 기업이 예외 없이 양자컴퓨터의 능력에 대해 알고 대처해야 하는 이유가 여러 가지 있다.

1. 기업 비밀

우리나라 TV에서도 자주 광고로 접하는 보험회사 악사는 자기 회사의 데이터를 양자컴퓨터로부터 보호하는 연구를 하고 있다. 암호를 푸는 양자컴퓨터는 빨라도 2035년 이전에는 나오기 어려울 것으로 예상되는데, 악사는 왜 벌써부터 이런 준비를 하고 있으며 미국 국립표준기술연구소는 왜 데이터 보안을 미리 준비하는 회사들을 위해서 양자내성암호의 표준을 만든다고 2016년부터 공모를 시작했을까? 양자컴퓨터 업계에는 '지금 데이터를 얻어놓고 암호는 나중에 풀어라 Harvest now, decode later'라는 말이 있다. 일단 어느 회사의 비밀을 훔쳐놓고 10년 후에 양자컴퓨터가 개발되면 그때 가서 암호를 풀어 읽어보라는 의미다. 이런 해커들로부터 자사의 중요한 데이터를 지키려면 지금부터 양자내성암호를 걸어두어야 한다. 악사만 보안이 필요한 데이터를 가지고 있을까? 아무리 작은 기업이라도 기업 비밀이나 영업 비밀은 있을 터이니 모든 기업이 미리 준비하고 있어야 한다.

2. 최적화

양자컴퓨터가 잘 푸는 최적화 문제는 우리 사회 어느 구석에서도 찾을 수 있다. 우리는 항상 가장 효율적인 방법, 가장 가성비가 좋은 물건, 가장 빠른 경로 등 가장 좋은 것을 늘 찾고 있는데, 이런 것이 최적화 과정이다. 기업에는 이런 최적화가 생사를 가르는 문제가 된다. 최적화는 일정, 공정, 자원 배분, 공급망 관리, 물류 등의 최적화와 의사 결정 등에서 사용될 수 있는데, 모든 회사에 비용 절감, 생산성 향상, 시장 경쟁력 확보, 고객 만족에 큰 차이를 만들어낼 것이다.

3. 미분방정식

공장에서 일어나는 공정에는 어떤 공장이든 상관 없이 유체역학, 열역학이 관여한다. 모든 공정에서는 열을 가하거나, 열이 발생해서 열을 식히기 마련이며, 액체나 기체 등의 유체를 사용하지 않는 경우는 드물다. 공정에 관계된 열과 유체 현상에 대한 정확한 이해와 적용은 생산성과 직결된다. 1960년대에 화공학과가 가장 잘나갔던 이유는 당시 국가의 핵심 동력으로 육성된 중공업 기업들이 열역학과 유체역학을 전문으로 배운 화공학과 출신을 원했기 때문이다.

유체나 열 현상은 미분방정식으로 표현되는데, 실용적인 문제가 펜으로 계산해서 풀리는 경우는 거의 없고 보통 컴퓨터를 이용해서 푼다. 해답을 정교하게 얻으려 할수록 다루어야 할 변수가 많아지고 계산 시간은 지수적으로 증가한다. 이렇게 변수가 많아서 계산 시간이 오래 걸릴수록 양자컴퓨터는 슈퍼컴퓨터보다 우수한 성능을 발휘한다. 공장을 운영하는 기업이라면 이런 미분방정식을 잘 푸는 양자컴퓨터의 개발을 주시하고 있어야 한다.

4. 분자 시뮬레이션

공장에서 출시하는 제품이 다른 공산품의 생산에 쓰이는 원료라면 신물질을 창출해주는 양자컴퓨터의 분자 시뮬레이션 능력을 알고 있어야 한다. 제약회사나 화학회사의 연구팀이라면 반드시 분자 시뮬레이션을 쓸 것이다. 신약이나 비료, 효율을 높인 배터리 등 신물질이 필요한 모든 공장이 다 적용된다. 양자컴퓨터는 신약 개발 기간을 대폭 줄여 제약회사의 수익을 높이고, 새로운 녹색 비료를 개발하여 탄소 중립에 기여하며, 배터리의 효율을 높이는 새로운 전극 물질이나 용액을 개발하여 전기자동차 업계에 혁신을 가져올 수 있다.

우선 양자컴퓨터의 영향을 받을 산업으로 매킨지 보고서는 제약, 화학, 금융, 자동차산업을 꼽았다. 이 보고서는 이 분야에서 양자컴퓨터가 창출할 부가 1500조~3000조 원이라고 평가한다(그림 3-6). 이런 산업들이 선정된 것은 현재 불완전한 양자컴퓨터가 우선 기여할 수 있는 분야가 최적화와 분자 시뮬레이션이라고 평가되기 때문이다. 그렇지만 결국은 전술한 바와 같이 모든 산업이 예외없이 영향을 받을 수밖에 없다. 양자컴퓨터가 자신들의 회사에 어떤 변혁을 일으키게 될지 이해하고 있지 않으면 어느 날 갑자기 경쟁사에 밀리게 되고 그 때 가서는 손을 쓰기 힘들 것이다.

국가

우리나라는 나노기술에 일찍부터 관심을 갖고 연구개발을 해왔다. 나노기술은 문자 그대로 나노미터 크기의 물체에서 일어나는 현상을 이용하는 기술이다. 나노기술의 개발 초기에 '0.1나노도 나노, 100나노도 나노, 너도나도 니나노'라는 말이 유행했다. 나노기술에 연구개발비가 집중되기 시작하니까 서로 내가 나노 전문가라고 나서는 세태를 비판한 말이었다. 100nm(나노미터)이면 0.1μm(마이크로미터)이고, 민감한 사람은 매끈한 면에 1μm의 단차段差가 있으면 손으로 그 단차를 느낀다는데, 이 정도도 나노기술이라고 불러야 할지 모르겠다.

이런 광범위한 나노기술의 영역에서 우리나라는 산업적 응용에 중요한 수 나노미터에서 수십 나노미터 크기의 개발이 주로 이루어졌다. 그래서 수 나노미터 크기의 분말 제조나 반도체 공정 기술은 매우 잘 발달했다. 반면 과학적 탐구의 목적이 강한 1nm 이하의 기술은 많이 발전하지 않았다. 물체의 크기가 달라지면 일어나는 현상도 달라진다. 물체가 자꾸 작아지면 점차 양자물리 법칙의 영향이 커지기 때문이다. 제일 작은 원자인 수소 원자의 크기가 1Å(옹스트롬), 즉 0.1nm 정도 되니까 원자들의 크기는 대체로 1nm보다 작다고 하겠다. 물체가 어느 정도 작아야 양자 현상이 관측되기 시작할까? 물론 양자 현상이 없다가 짠 하고 갑자기 나타나는 경계점이라고 할 건 없으며 대체로 1nm 이하면 양자물리의 법칙이, 100nm 이상이면 고전 물리의 법칙이 지배적이라고 할 수 있겠다.

1nm 이하의 기술은 양자기술이 등장한 이후에야 관심이 확대됐는데, 그것이 우리나라 양자컴퓨터기술 수준이 낙후한 주원인이다. 나노기술의 궁극적 목표는 원자나 광자 하나하나를 마음대로 조작하는 일이다. 인류가 아직 쓸 만한 양자컴퓨터를 만들지 못하고 있는 이유는 인류가 아직 그만한 나노기술을 보유하고 있지 못하기 때문이다. 양자컴퓨터는 억지로 개발하려고 하지 않아도 나노기술의 발전과 함께 발전하여 언젠가는 쓸 만한 것이 만들어진다.

나노기술의 개발에는 당연히 비용이 든다. 우리나라의 나노기술은 선진국에 비해 낙후한 수준이었지만 지금은 꾸준히 따라가는 중인데, 경제력이 약한 저개발국들은 손을 대기가 어렵다. 지금 나노기술을 건너뛰면 양자컴퓨터는 선진국이 개발한 것을 들여와 쓸 수밖에 없다.

무선전화보다 유선전화를 흔히 쓰던 시절에 동남아 여행을 가보니 길거리에 전화를 돈 받고 쓸 수 있게 빌려주는 좌판이 곳곳에 있었다. 우리나라같이 전화망이 전국 방방곡곡에 깔려 있지 않았던 게 분명하다. 이런 나라에는 역설적이게도 무선전화의 발명이 복음이었다. 전화선을 전국에 거미줄같이 깔 필요 없이 무선전화 중계탑만 드문드문 세우면 되니 사회기반시설 구축 비용이 대폭 줄어들어 전국에 전화망 깔기가 쉬웠다.

사실 이런 저개발국에 첨단 기술이 반드시 좋기만 한 것은 아니다. 경제력이 되지 않아 유선전화기술을 건너뛰고 선진국이 발명한 무선전화기술을 그대로 들여와 사용하는 나라는 앞으로도 전화기술을 완전히 선진국에 의존하는 수밖에 없다. 자체 기술력을 키워 기술 자립을 하고 이후 기술을 선도할 가능성은 없다. 양자기술도 이와 비슷하다. 지금 전 세계적으로 경제력이 있는 나라만 양자기술을 개발하고 있으며 개발 단계를 건너뛴 나머지 나라들은 영원히 선진국의 양자기술에 종속될 가능성이 높다.

양자기술은 지금도 전 세계가 기술 수출 통제 대상에 올려놓고 있다. 우리나라도 이미 일부 기술에 대해서는 해외 공조를 할 경우 정부의 허가를 받도록 규정했다. 연세대학교에 들어온 IBM 양자컴퓨터의 사례에서 보듯이 우방국이라고 해서 기술을 이전해주는 것은 아니다. 양자컴퓨터가 가져올 두 번째 퀀텀 점프는 막대한 부를 창출할 것으로 예상되므로 지금 양자컴퓨터기술을 개발할 경제력이 되는 나라와 안 되는 나라 간의 격차는 앞으로 더 커진다.

미래 전쟁에서는 양자센서를 활용해 스텔스를 잡아내는 레이더나 아무 소음 없이 적의 잠수함을 찾아내 공격하는 잠수함, 인공위성에서 도청할 수 없는 양자통신으로 조종하는 로봇 전투병, 무인 비행기, 무인 전차, 드론 등이 나타날 것이다. 양자컴퓨터는 이렇게 양자기술로 업그레이드된 무기들을 시뮬레이션으로 지휘하며 게임같이 전투를 수행한다. 양자컴퓨터의 워게임 시뮬레이션 능력은 고전컴퓨터를 사용하는 인간의 능력으론 도저히 대항할 수 없다. 미래 전장에 인간은 없다. 양자컴퓨터가 조종하는 무기들끼리 싸우고 인간은 뒤에서 양자컴퓨터만 조작한다. 물론 이것은 양자기술이 발달한 선진국끼리 싸울 때의 이야기고 양자기술이 없는 나라는 일방적으로 당하고 끝이 날 것이다. 강대국과 약소국을 가르는 기준이 경제력과 군사력이라면 양자기술은 그 차이를 더 벌린다.

양자기술은 적대국 간에만 문제를 일으키는 것은 아니다. 우방이라고 하더라도 양자컴퓨터의 암호 해독 능력이 다르면 정보력이 다르다. 이 불균형은 문제를 언제든지 일으킬 수 있다. 미국이 공식적으로 인정한 바는 없지만, 우리나라를 비롯한 우방을 버젓이 도청하고 있는 것이 현실 아닌가. 양자기술은 국가 간 불평등을 심화한다.

양자 윤리와 개인

한국연구재단의 양자기술단에서 일하던 2023년, 스위스와 양자기술에 관한 국제공동연구사업을 기획한 일이 있었다. 줌 회의와 이메일을 주고받으면서 연구과제들의 규모, 기간, 팀 구성, 선정 방법 등을 논의하고 마지막에 구체적인 주제를 정하게 되었다. 우리는 보통 하던 대로 양자컴퓨터, 통신, 센서를 제안했는데, 스위스 연구재단 측에서는 이 세 가지 주제 외에 양자 윤리를 반드시 넣어야만 상급 기관에서 사업을 승인받을 수 있다고 연락이 왔다. 양자 윤리? 그게 뭐지?

한국말로 양자 윤리를 검색하면 아무것도 나오지 않았고 영어로 'quantum ethics'라고 치니까 비로소 검색 결과가 나왔다. 의미는 예상대로 양자기술의 발전에 따라 야기되는 윤리적 문제를 의미하는 것이었다. 문제는 과제의 규모였다. 이 사업은 과제당 1년에 우리 돈 3억 원을 지원하기로 기획되어 있었는데, 우리나라에서는 인문학적 주제에 이렇게 큰 연구비를 주는 경우가 드물다. 이 정도 규모가 되려면 여러 연구자가 모이는 대형 과제여야 하는데, 이 사업은 그런 과제가 아니고 개인 과제였다. 그래서 어떻게 할지 잠깐 망설였다.

스위스 측에서 필수 요건으로 제시했으므로 선택의 여지는 없었다. 게다가 '우리나라는 기술 발전에만 관심이 있지 그에 따르는 윤리적 문제 따위에는 관심이 없다'라고 말하기엔 너무 없어 보이지 않는가? 그리고 사실 우리도 이번 기회에 양자 윤리 연구를 시작해보자는 생각이 들었다. 그렇게 해서 양자 윤리를 주제로 포함한 한-스위스 양자과학기술 공동연구사업이 2025년에 시작되었다.

지금까지 인류 문명은 지수적인 속도로 발전해왔지만, 양자기술이 개발되고 나면, 특히 양자기술이 인공지능과 접목되면 그 변혁은 한층 놀라울 것이다. 이와 함께 빠른 변화에 수반되는 여러 부작용에도 대비해야 한다. 양자기술의 부정적 요소로서 암호 해킹이 언급되지만 여기서 말하는 부작용은 그런 요소를 말하는 것이 아니다. 암호 해킹은 사회의 특수한 부문에만 영향을 끼치며 양자컴퓨터가 뚫지 못하는 양자내성암호를 개발하여 방지할 수 있다.

양자 윤리에서는 양자기술 발전 과정에서 발생할 수 있는 불평등, 남용, 보안 위협 등 다양한 윤리적 문제에 대해 연구한다. 마침 인공지능기술의 발전에 따른 문제를 먼저 고찰하고 이에 대한 제도를 마련하기 시작했으므로, 윤리 문제에 있어서 인공지능과 양자기술의 공통점과 차이점을 면밀히 조사해보는 것은 좋은 출발점이 될 것이다. 이에 대한 논의는 경제적, 사회적, 그리고 정책적 측면에서 함께 고려되어야 한다.

경제적인 측면은 양자기술이 미래 산업의 게임 체인저라는 사실에서 비롯된다. 양자컴퓨터는 결국 핵심 산업에 영향을 미치고 양자기술을 활용하는 산업과 기업은 기회를 가지는 반면, 그렇지 않은 기업은 위기를 맞는다. 처음에는 불완전한 양자컴퓨터로도 해결할 수 있는 문제들을 가진 기업들이 먼저 영향을 받겠지만 결국은 모든 기업이 영향을 받을 수밖에 없다.

양자기술의 사회적 문제 중 첫 번째는 양자기술의 혜택을 받을 능력이 있는 사회계층과 그렇지 못한 사회계층 간의 불평등이다. 일론 머스크를 비롯한 유명인들이 먹고 효과를 봤다 하여 유명해진 비만약 위고비Wegovy는 제약사 노보 노디스크를 단숨에 유럽 최대의 회사로 만들어주었다. 루이비통을 제쳤으니, 약 하나로 회사가 얼마나 많은 이윤을 얻었겠는가? 약이 선풍적인 인기를 끄니 가격을 싸게 책정할 이유가 없다. 위고비를 매주 1회씩 68주간 투약하면 체중을 15% 감량할 수 있다는데, 한 달 투약가는 100만 원 정도라고 한다. 양자컴퓨터는 조만간 노화를 역전시키는 약을 개발하게 될 것이다. 비만약이 한 달에 100만 원이 드는데, 역노화약이 나오면 한 달에 100만 원만 받을까? 노화를 역전시키는 불로장생약은 부유층의 전유물이 되고 저소득층은 엄두도 내지 못할 것이니 돈 많은 사람들만 오래 살 수 있는 시대가 온다. 하긴 지금도 부자가 의료 혜택을 더 잘 받아 오래 살긴 하겠지만 앞으로는 그 경향이 눈에 띄게 심화할 것이다. 또한 양자컴퓨터를 이용해 신약을 개발하는 선진국 국민들은 그 혜택을 받겠지만, 개발도상국 국민들은 제외되어 상대적인 박탈감을 느끼게 될 것이다. 이런 일을 예상하고 양자 윤리에 대해 연구하지만 그렇다고 대비가 완전할 수는 없을 것이다. 양자기술이 발전했을 때 그 혜택을 차별 없이 누릴 수 있도록 하려면 일찍 논의를 시작하고 대책을 마련해놓아야 한다.

한편 양자컴퓨터를 이용하면 암호화폐의 채굴도 독점할 수 있는데, 그 기술과 경쟁할 수 없는 나머지 채굴자들이 사라지면 블록체인 시스템 자체가 붕괴하여 수많은 사람이 피해를 본다. 또한 대형 증권회사가 양자컴퓨터를 이용하여 포트폴리오를 최적화하고 이득을 극대화하면 개인 투자자는 상대적으로 손실을 볼 수밖에는 없다.

양자기술의 또 다른 사회적 문제점은 국가 안보와 사생활의 충돌이다. 국가는 안보 전력을 강화하기 위해서 양자내성암호나 양자기계학습을 도입하게 될 것이다. 그러나 일반인이 이해하기 어려운 기술들이 더 많이 도입될수록 정부 활동에 투명성이 약화할 수 있고, 도덕적 해이로 이어져 정부가 시민과 충분한 논의 없이 결정을 내릴 경우 사생활이 침해될 우려가 있다. 예를 들어 정부가 양자암호통신 시설을 비밀리에 구축하면서 국가 안보를 이유로 관련 정보를 공개하지 않으면 시민들은 어떤 정보가 보호되고 어떤 감시 시스템이 운영되는지 모르게 된다. 또한 구축한 암호통신은 안전하다고 선전하지만 실제로는 백도어를 심어 정부가 일부 정보는 열람 가능하게 설계될 수도 있다. 나중에 문제가 발견되어도 전문가 그룹의 결정이라고 주장하면 책임 주체도 모호해진다. 전문가로 이루어진 폐쇄된 위원회의 의견으로 포장해서 정책을 시행하는 것은 이미 우리나라에도 정착된 관행이다. 안보를 핑계 삼아 정보를 제한하면 유발 하라리Yuval Harari의 지적대로 권력이 정보를 통제하는 곳으로 집중될 것이다. 이런 실정은 해외의 독재국가에서 이미 자주 목격되고 있다.

양자기술이 초래할 경제적·사회적 불평등을 최소화하기 위해, 인공지능이나 나노기술에서와 마찬가지로, 미래에 양자기술이 개척할 시장에 대해 정책적 규제와 표준화를 수립할 필요가 있다. 이를 위해 기업인, 학자, 정책입안자 등 관계자가 같이 모여 머리를 맞대고 양자기술의 윤리적 활용 기준을 분명하게 해놓아야 한다. 또한 정책입안자들은 연구개발자들이 책임 있는 연구과 혁신Responsible Research and Innovation(RRI)을 하도록 양자기술의 표준을 세울 필요가 있다. 예를 들어 양자컴퓨터는 줄기세포 연구처럼 암호 해독, 금융 조작, 감시 시스템 강화 등의 역기능을 가지고 있으므로 양자 알고리듬, 암호, 시뮬레이션의 목적과 적용 범위를 규정하고, 기술 수준을 투명하게 알 수 있도록 양자컴퓨터 성능을 공정하게 비교하는 벤치

마크 표준을 세울 필요가 있다. 또한 양자통신은 기술 오용 방지 가이드라인을 포함한 암호 표준을 제정할 필요가 있는데, 이와 같은 국제적 표준 제정 움직임은 이미 시작되었다. 인공지능처럼 양자기술도 군사적 목적으로 사용했을 때 무서운 결과가 예상되므로 미리 군사적 사용이나 정보 감시에 대한 윤리적 가이드라인도 필요하다.

우리는 공상과학 영화를 많이 봐왔기 때문에 신기한 공상과학기술에 익숙하다. 공상과학기술은 정의상 현재의 과학기술 수준으로는 이해가 되지 않는 방식으로 작동하는 기술을 일컫는다. 이런 동영상을 볼 때 상식적으로나 과학적으로 납득이 되지 않아도 마음이 불편하지 않다. 상상 속에서나 가능한 기술을 영화감독이 컴퓨터그래픽을 이용해 가짜로 만들었음을 알고 있으니까. 우리는 우리의 주인공이 이상한 공상과학 세상에서 고군분투하는 모습을 즐기기만 하면 된다.

그런데 공상과학 영화 속 상황이 내 곁에서 벌어진다면 어쩔 것인가? 이성적으로 이해할 수 없는 일이 벌어지므로 이걸 어떻게 대처해야 할지 혼란에 빠질 것이다. 지구의 중력이 어느 순간 갑자기 없어진다고 상상해보자. 그 순간 땅을 차고 오르고 있었다면 지구에서 영원히 멀어지게 될 터이고 공중에 뜬 채로는 마음대로 이동할 수도 없으니 큰 혼란이 벌어질 것이다. 우리야 이런 장면을 우주 영화에서 많이 봐와서 익숙하지만, 중력이라는 개념조차 없던 중세 시대에 이런 일이 벌어졌다면 그 혼란은 이루 말할 수 없었을 것이다. 물론 우리 시대에 이런 일이 일어나도 왜 갑자기 지구의 중력이 없어졌는지를 이해할 수 없으므로 혼란스럽기는 할 것이다. 어떻게 대처해야 할지 당황스럽기는 마찬가지다. 그러나 내 몸이 갑자기 뜨는 이유를 전혀 모르는 것과 지구 중력이 사라졌다는 일차적인 이유를 아는 것은 큰 차이가 있다. 그에 따라 대처하는 방법도 다를 것이다. 아무것도 모를 때는 신을 찾는 수밖에 없겠지만, 일차적인 이유라도 알 때는 조금은 더 침착하게 과학적인 대책을 강구해볼 수 있다.

양자기술은 고전 물리가 지배하는 세상에 익숙한 우리에게는 공상과학기술일 수밖에 없다. 이 공상과학기술은 이해도 할 수 없고 이 기술이 가져올 미래도 알 수 없어 불안하다. 양자컴퓨터가 가져올 미래의 모습이 어떨지 정확히 알 수는 없다. 그러나 앨빈 토플러Alvin Toffler의 말처럼 앞으로 어떤 일이 벌어질지 확실히 예측할 수 없다 해도 현 상황을 정확히 인지하고 있으면 적어도 혼란은 줄일 수 있다. 그래서 누구나 양자기술을 알아야 한다.

맺는 말

우리나라 과기정통부는 해외의 해당 기관과 2년에 한 번씩 과기공동위를 열어 공통의 관심 주제에 대해 협력을 의논한다. 내가 한국연구재단에서 초대 양자기술단장을 맡는 동안 코로나로 연기되었던 과기공동위가 한꺼번에 열리고 위원회의 논의 주제에는 모두 양자가 들어가 있었다. 나는 양자 분야의 한국 대표로 미국, 프랑스, 영국 등 10여 개의 과기공동위에 참가하여 한국의 양자 생태계와 정책을 소개하고 상대국의 사정과 관심을 들으며 같이 공통분모를 찾곤 했다.

원래 한국연구재단 단장의 주 업무는 이 분야의 연구비를 연구자들에게 공정하게 나누어주고 연구 진척을 모니터하는 일이다. 그래서 나는 양자기술단장을 맡으면서 세계의 양자기술 개발 동향부터 우리나라 양자기술 전문가 개개인의 연구 주제까지 세세하게 알게 되었다. 그 덕분에 현재의 양자기술 개발 상황에 대해 꽤 정확하게 쓸 수 있었다.

내가 양자컴퓨터에 관한 글을 쓰면 그것은 언제나 우리 연구실에서 같이 연구했던 제자들과 같은 분야에서 서로 힘이 되어준 동료들 덕분이다. 이번에는 특히 김기웅 교수와 박경덕 교수가 양자기술 하드웨어와 소프트웨어 부분을 점검해주어 오류가 줄어들었다. 김범준 교수와 정재호 단장, 그리고 엄상윤 대표는 요즘 무척 바쁘실 텐데 기꺼이 추천사를 써주셨을 뿐만 아니라, 거의 감수 수준으로 자세히 읽고 의견을 주셔서 책의 완성도를 높일 수 있었다.

출판계에서는 다루지 말아야 할 금기 주제가 두 개 있는데 그중 하나가 양자물리라고 한다. 그런 주제를 다룬 책인데도 불구하고 선뜻 출판해주신 해나무 허영수 편집국장께 감사하다. 그것도 한 번도 아니고 두 번이나. 이 책의 편집을 전담해 나의 고집에 시달리며 좋은 책을 만드느라 고생하신 조은화 편집자께도 감사한다.

창고의 물건을 차곡차곡 쌓으면서 '내가 어닐링을 하고 있다'고 문자 속 있게 표현하게 된 아내의 내조 덕에 이 책은 세상에 나올 수 있었다.

부록

얽힘

   물체가 한 개가 아니고 여러 개 있을 때도 중첩 현상이 일어난다. 물체가 여럿 있을 때의 중첩은 의자와 책상이 겹치듯이 여러 물체가 같은 공간에 겹쳐 있다는 의미가 아니고, 여러 물체가 있을 수 있는 '상태들'이 중첩된다는 의미다. 예를 들어 양자 세계의 동전은 앞면이 위를 향하는 상태와 뒷면이 위를 향하는 상태의 중첩 상태에 있을 수 있다. 동전이 2개가 있다면 2개의 동전이 겹쳐진다는 의미가 아니고 1) 둘 다 앞면이 위를 향한 상태, 2) 첫 번째 동전의 앞면이 위를 향하고 두 번째 동전의 앞면은 아래를 향한 상태, 3) 첫 번째 동전의 앞면이 아래를 향하고 두 번째 동전의 앞면이 위를 향한 상태, 4) 둘 다 앞면이 아래를 향한 상태, 이렇게 네 가지 상태가 가능하며 이 네 가지 상태들이 중첩될 수 있다는 뜻이다.

이 네 가지 상태는 부분적으로 중첩이 되어 있을 수도 있고 모두가 중첩되어 있을 수도 있다. 즉 1)과 2) 상태만의 중첩도 가능하고 1), 2), 3), 4) 상태 모두의 중첩도 가능하다는 뜻이다. 두 가지 상태의 중첩은 1)과 2), 1)과 3), 1)과 4), 2)와 3), 2)와 4), 3)과 4), 이렇게 여섯 가지 조합이 가능하고, 세 가지 상태의 중첩은 1)과 2)와 3), 1)과 2)와 4), 1)과 3)과 4), 2)와 3)과 4), 이렇게 네 가지가 있다. 그러므로 두 개의 동전이 있을 수 있는 총 가능한 상태의 수는 중첩이 되지 않은 1), 2), 3), 4) 네 가지 경우와 2개가 중첩된 여섯 가지 경우, 3개가 중첩된 네 가지 경우, 그리고 모두 중첩된 한 가지 경우, 이렇게 해서 총 15가지 상태가 가능하며 그중 11가지의 상태가 중첩되어 있다.

이렇게 중첩된 상태를 측정하면 어떤 일이 벌어질까? 위의 중첩되지 않은 1), 2), 3), 4) 네 가지 상태를 각각 간단하게 업-업, 업-다운, 다운-업, 다운-다운 이렇게 부르기로 하자. 먼저 1)과 2), 즉 업-업과 업-다운 상태가 중첩된 상태를 생각해보자. 이 상태는 첫 번째 동전은 그냥 업인 상태고 두 번째 동전은 업과 다운 상태가 공존하는 중첩 상태다. 이 상태에서 첫 번째 동전의 상태를 측정하면 당연히 업이 나와야 한다. 두 번째 동전을 측정하면 업이 나올 확률이 반, 다운이 나올 확률이 반이다. 측정 순서를 바꾸어도 마찬가지다. 첫 번째 동전의 측정은 두 번째 동전의 상태에 아무런 영향을 주지 않으며, 두 번째 동전의 측정도 두 번째 동전의 상태를 붕괴시켰을 뿐 첫 번째 동전의 상태에 아무런 영향을 주지 않는다. 즉 첫 번째 동전과 두 번째 동전은 완전히 독립적이라는 뜻인데, 당연하게 들린다.

  네 가지 모두 중첩된 경우, 즉 업-업, 업-다운, 다운-업, 다운-다운이 중첩된 경우에 첫 번째 동전을 측정하면 업이나 다운이 나온다. 한 가지 상태가 측정되면 나머지 상태들은 사라진다고 했으므로 만일 첫 번째 동전의 측정 결과가 업이라면 첫 번째 동전의 다운 상태들은 모두 사라진다. 즉 처음에 업-업, 업-다운, 다운-업, 다운-다운의 중첩에서 뒤 두 상태가 붕괴되어 사라지고 처음 두 개만 남은 업-업과 업-다운의 중첩만 남는다. 이 상태에서 두 번째 동전을 측정하면 역시 업이나 다운이 나온다. 여기서도 첫 번째 동전의 측정이 두 번째 동전의 상태에 아무런 영향을 미치지 않았으며 그 반대도 마찬가지다.

  두 동전 사이의 이런 독립성이 유지되지 않는 경우가 있는데, 그런 중첩 관계를 '얽혀 있다'라고 말한다. 예를 들어 2)와 3) 상태, 즉 업-다운과 다운-업이 중첩된 상태를 생각해보자.

이 경우도 첫 번째 동전의 상태를 측정하면 업과 다운이 반반의 확률로 나온다. 그런데 첫 번째 동전의 상태가 측정되고 나면 두 동전의 중첩이 사라진다. 만일 측정 결과가 업이었다면 다운-업인 상태는 붕괴되어 사라져 두 동전의 상태는 업-다운 상태만 남고, 측정 결과가 다운이었다면 업-다운인 상태는 붕괴되어 두 동전의 상태는 모두 다운-업 상태만 남는다. 전자의 경우에는 이어서 두 번째 동전을 측정했을 때 무조건 다운 상태가 측정되고, 후자의 경우에는 무조건 업 상태가 측정된다. 즉 두 번째 동전의 측정에서는 업이나 다운이 나올 수 있는 것이 아니라, 첫 번째 측정이 결정해주는 상태가 나온다는 것이다. 두 동전 모두 처음에는 중첩된 상태에 있었으나, 첫 번째 동전의 측정으로 첫 번째 동전의 중첩이 사라졌을 뿐만 아니라 두 번째 동전의 중첩도 사라졌다. 동전의 측정 순서를 바꾸어도 마찬가지다.

얽힌 두 입자는 얽힌 상태 그대로 멀리 떨어뜨려 놓을 수 있다. 아무리 거리를 멀리 가져가도 얽힘은 유지된다. 따라서 한 입자를 측정해서 상태를 붕괴시켜 중첩을 없애면 그 즉시 다른 입자도 영향을 받아 중첩이 없어지면서 상태가 붕괴한다. 이렇게 얽힌 두 입자가 순간적인 영향을 주는 현상은 많은 철학적 논란과 더불어 공상과학같이 들리는 양자기술을 탄생시켰다.

숨은변수

아인슈타인은 얽힘의 '유령 같은 원거리 작용'을 싫어했을 뿐 아니라, "신은 주사위 놀이를 하지 않는다"라고 말했듯 중첩 개념 자체를 싫어했다. 사실 양자이론을 처음 듣는 사람이라면 아인슈타인의 편에 서지 않을 수 없다. 물리학자도 괴상한 양자이론이 자연 현상을 설명하는 것을 수없이 읽고 듣다가 어쩔 수 없이 받아들이게 될 뿐이지, 처음 양자물리를 들었을 때 반감이 없는 것은 아니다.

아인슈타인처럼 중첩 상태의 측정에서 결과가 확률적으로 나타난다는 발상에 반대한다면, 이 반대파의 논리는 무엇일까? 그 주장은 간단하고 당연하다. 의자를 관측했을 때 의자가 여기에 보인다면 원래 여기에 있었기 때문에 여기에서 보인 것이지, 여기와 저기에 중첩된 상태로 있다가 관측했을 때 여기로 결정되어 나타난 것이 아니라는 것이다. 중첩은 물체의 파동성을 설명하기 위해 도입되었다. 토머스 영의 이중슬릿 실험을 다시 떠올려보자. 벽에 가는 슬릿을 가까이 두 개 뚫어 놓고 전자를 마구 쏘아대면 벽 뒤에 있는 스크린에 슬릿 모양대로 두 개의 띠가 보일 것 같다. 하지만 실제로는 두 개가 아니라 여러 개의 띠가 관측되며 이 무늬는 두 개의 구멍을 동시에 지나가는 파동의 중첩에 의한 간섭무늬로 완벽히 설명된다.

반대파는 중첩 없이 이 실험 결과를 어떻게 설명할 수 있을까? 이 무늬라는 것이 명암이 있는 것이지만 자세히 확대해 보면 개개의 전자들이 벽을 친 자국들이다. 사실 빛으로 실험해도 마찬가지다. 빛도 입자성을 띤 파동이기 때문이다. 그러면 전자나 빛 알갱이, 즉 광자를 하나만 쏘면 어떻게 되는가? 어떻게 되긴, 당연히 1장 그림 1-6의 여러 개 자국 중에서 하나가 나타난다.

여러 개의 전자를 쏘아서 자국을 모으면 비로소 간섭무늬가 나온다. 이 상황을, 양자물리에서는, 똑같은 상태에 있는 전자들을 쏘아도 확률적으로 어느 때는 여기에 나타나고 어느 때는 저기에 나타나게 된다고 주장하는 것이다. 그리고 반대편의 논리는 전자가 벽을 지나 스크린의 어디에 나타날지는 처음부터 결정이 되어 있었다는 것이다. 실험을 똑같은 상황으로 준비했다고 생각하지만, 사실은 우리가 몰라서 통제할 수 없는 다른 변수가 있고 그 변수는 전자가 어디에 나타날지를 이미 결정하고 있다는 뜻이다. 그 변수를 반대파들은 '숨은변수hidden-variable'라고 불렀다. 숨은변수이론에서는 중첩이란 없으며 측정 결과가 확률적으로 나타나는 것도 아니다. 엎어진 카드처럼 모든 것이 이미 결정되어 있으나 우리가 무지해서 그 카드가 무엇인지 모르고 있을 뿐이다.

다른 예를 하나 더 들어보자. 빛은 전기장과 자기장이 출렁이며 공간을 전파해가는 현상이다. 전기장이 출렁이는 방향을 '편광 방향'이라 부른다. 전기장의 진동이 물체에 닿았을 때 그 물체에 있는 전자들은 전기장의 방향으로 같이 흔들리도록 힘을 받는다. 전자들이 실제로 움직일 수 있는 상황에서는 빛의 전자기파 에너지가 전자를 흔들겠지만, 흔들리는 전자의 에너지는 물체 내에서 소모되어 사라진다. 이런 물체는 빛이 통과할 수 없다. 금속들이 다 불투명한 이유가 바로 이것이다. 물질 중에는 특정한 편광 방향을 잘 통과시켜주는 것들이 있다. 편광판은 특정한 방향의 전기장에 대해서만 전자가 잘 반응해 그에 수직인 방향의 빛만 투과시키는 물질이다. 편광판에서 빛이 잘 투과하는 방향을 '편광축'이라고 부른다.

빛이 편광판을 지나가는 경우를 생각해보자. 그림 4-1의 (가)처럼 수직으로 편광된 빛은 편광축이 수직인 편광판을 잘 지나가고 (나)처럼 수평으로 편광된 빛은 지나가지 못한다. (다)처럼 대각 편광된 빛은 어떻게 될까? 고전적인 파동이론에 따르면 전기장의 진동은 수직, 수평 성분으로 나눌 수 있다. 대각선 방향 전기장은 수직, 수평 성분이 각각 $\cos 45° = \frac{1}{\sqrt{2}}$이며 빛의 세기는 성분의 제곱에 비례하기 때문에 수직이나 수평편광판을 지나고 나면 세기가 반이 된다.

이를 양자물리적으로 해석하면, 대각선편광이란 수직편광과 수평편광이 반반씩 중첩된 상태다. 그러므로 대각선편광된

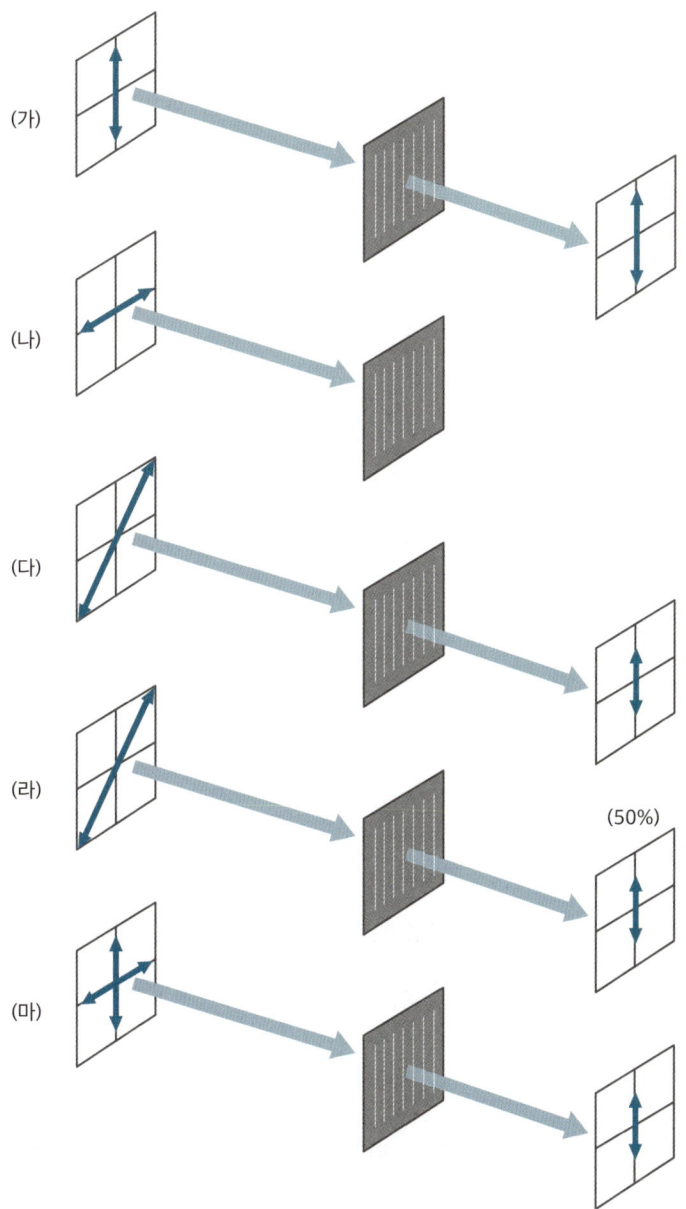

그림 4-1 그림에서 양방향 화살표는 빛의 편광 방향을 나타내고 편광판의 줄은 편광축을 나타낸다. (다)는 대각선편광이 수직편광판에 들어왔을 때의 고전적 해석, (라)는 양자적 해석, 그리고 (마)는 숨은변수이론의 해석에 해당한다.

광자는 그림 (라)처럼 수직편광을 통과할 확률이 $\frac{1}{2}$이고 통과하지 못할 확률이 $\frac{1}{2}$이다. 대각선편광된 빛을 구성하는 많은 광자는 모두 이 확률을 따르므로 수직편광판을 지나는 광자 수는 반이 되고 결과적으로 고전적인 예측과 마찬가지로 세기가 반이 된다.

중첩과 확률의 개념을 사용하지 않는 숨은변수이론에서는 이렇게 해석한다. 대각선편광된 빛은 수직편광된 광자와 수평편광된 광자가 그림 (마)처럼 반씩 섞여 있어서 각각은 수직편광을 통과할지 못 할지가 이미 결정되어 있다. 어떤 방향 성분만 통과한다든지 혹은 확률적으로 통과하는 것이 아니다. 결과는 양자론이 예측하는 바와 같다.

이 설명은 사실 완전하지 않다. 대각선편광에 대각선편광판을 쓰는 경우는 어떻게 되는가? 이 상황은 수직편광 빛이 수직편광판에 들어오는 상황을 우리가 고개를 삐딱하게 45도 돌려서 보고 있는 것과 다름이 없으므로 고전적으로 해석하든 양자적으로 해석하든 확률 1로 통과한다.

숨은변수이론에서는 날아오는 광자가 어떻게 행동할지, 즉 주어진 편광판을 통과할지 안 할지가 미리 결정되어 있다. 그런데 우리가 수직이나 수평편광판을 쓸지 대각선편광판을 쓸지 빛으로서는 미리 알 수 없으므로 빛은 모든 방향의 편광판 방향에 대해 어떻게 행동할지를 미리 결정해서 날아와야 한다. 예를 들어 '수직판 통과, 대각판 통과, 수평판 불통과'라거나 혹은 '수직판 불통과, 대각판 통과, 수평판 통과' 이런 식으로. 편광판은 수직, 수평이나 대각선 방향으로만 놓을 수 있는 것이 아니고 임의의 방향으로 우리 맘대로 놓을 수 있으므로 결국 편광판을 향해 다가오는 빛은 하나하나가 모든 각도의 편광판에 대해 통과할 것인지 말 것인지 숨은변수가 결정해 놓고 있다는 뜻이다.

숨은변수이론에서는 중첩과 확률적 측정이라는 개념을 사용하지 않으므로 얽힘의 개념도 없다. 그러므로 얽힘에 의해 멀리 떨어진 입자가 순간적으로 영향을 받는 비국소성도 없다. 자, 이제 노벨상을 받은 벨 테스트를 이해할 모든 준비가 되었다. 시작해볼까?

벨 테스트

아인슈타인은 양자물리가 불완전한 이론이라는 주장을 하려고 물리량의 실재성에 있어서 양자이론이 보이는 자체 모순을 제시했다. 소위 'EPR 패러독스'라고 불리는 논리를 제안

- 알베르트 아인슈타인(Albert Einstein), 보리스 포돌스키(Boris Podolsky), 네이선 로젠(Nathan Rosen)이 논문으로 발표해 제안한 논리다.

한 저자들은 얽힌 상태의 측정에서 '유령 같은 원거리 작용'이 불가능하다는 전제를 깔았다. 그래서 양자물리에서 논란의 핵심은 자연이 국소적이냐 아니냐, 즉 얽힌 상태에서 한 물체의 측정이 순간적으로 다른 물체의 상태를 변화시킬 수 있느냐 아니냐의 문제로 집중되었다. 이 문제는 보어가 애매하게 답변한 후 한참 동안 미제로 남아 있었다.

약 30년 후 양자물리의 아버지 닐스 보어의 말을 안 듣고, 자연의 비국소성을 실험실에서 증명할 수 있는 식으로 만든 사람이 나타났다. 존 스튜어트 벨이 만들었다고 해서 '벨 부등식' 혹은 '벨 테스트'라고 부른다. 이 식은 서로 얽힌 두 물체의 측정에서 순간적인 교란이 불가능한 경우에 만족되어야 하는 부등식으로서, 이 부등식이 깨지면 자연은 비국소적이라는 양자물리의 주장이 입증된다. 벨 부등식의 내용은 다음과 같다.

초록, 빨강 두 개의 등이 달린 두 개의 관측 상자 A, B가 서로 떨어져 있고, 중간에 있는 상자 C에서 같은 상태의 입자 두 개를 A, B에 하나씩 보낸다(그림 4-2). 관측 상자들은 입자를 받는 순간 초록, 빨강 둘 중의 한 등을 켠다. 등의 색은 들어온 입자의 상태에 따라 결정된다. 상자에는 세 가지 다른 탐지기가 설치되어 있으며 입자가 도달했을 때의 반응이 각각 다르다.

상자에는 어떤 탐지기를 사용하여 측정할지를 결정하는 스위치가 달려 있다. 세 가지 스위치의 위치를 1, 2, 3이라 하자. 상자 A, B는 어떤 식으로든 연결이 되어 있지 않다. 즉 한 상자에 켜진 등의 색에 대한 정보가 다른 상자에 전달되어 그 상자에 켜지는 등의 색에 영향을 주는 일이 없다. 두 개의 상자를 측정 시간 동안 빛이 도달하기에도 먼 거리가 되도록 떨어뜨려 놓으면 확실할 것이다.

이제 입자의 상태가 숨은변수이론을 따른다면, 그 입자의 어느 속성에는 입자가 각 측정기에 도달했을 때 어떤 결과가 측정될 것인지 새겨져 있다. 스위치의 위치가 세 가지이므로 입자의 속성, 즉 입자가 지닌 지시 사항은 여덟 가지가 있다. G는 초록, R은 빨간 등을 켜라는 주문이고, 세 문자 자리는 스위치의 위치 1, 2, 3을 의미한다고 하자(표1). 그러면 입자의 속성을 다음과 같이 나타낼 수 있다. GGG, GGR, GRG, RGG, GRR, RGR, RRG, RRR. 예를 들어 속성 GGR은 스위

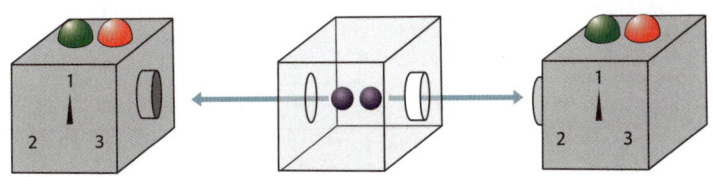

그림 4-2 벨 테스트 가상 게임 장치.

치의 위치가 1, 2, 3일 때 각각 초록, 초록, 빨강을 켜라는 주문이다. 두 상자는 같은 입자 정보를 받으며, 두 상자의 스위치 위치가 같으면 당연히 어떤 입자가 오더라도 같은 색의 등이 켜진다. 예를 들어 아래 표의 두 번째 열처럼 상자 A나 B가 모두 스위치를 1번에 놓은 A1B1의 경우, GGG, GGR, GRG, GRR라고 쓰인 입자가 오면 둘 다 파란 등을 켜고, 나머지 네 가지 입자에 대해서는 빨간 등을 켠다. 일곱 번째 행의 RGR이라는 입자가 왔고 스위치의 위치가 둘 다 1이면(A1B1) 둘 다 빨강, 둘 다 2이면(A2B2) 둘 다 초록, 3이면(A3B3) 빨강을 켠다.

	A1B1	A2B2	A3B3	A1B2	A1B3	A2B1	A2B3	A3B1	A3B2
GGG	GG	GG	GG	GG	GG	GG	GG	GG	GG
GGR	GG	GG	RR	GG	GR	GG	GR	RG	RG
GRG	GG	RR	GG	GR	GG	RG	RG	GG	GR
RGG	RR	GG	GG	RG	RG	GR	GG	GR	GG
GRR	GG	RR	RR	GR	GR	RG	RR	RG	RR
RGR	RR	GG	RR	RG	RR	GR	GR	RR	RG
RRG	RR	RR	GG	RR	RG	RR	RG	GR	GR
RRR	RR	RR	RR	RR	RR	RR	RR	RR	RR
같을 확률	1	1	1	$\frac{1}{2}$	$\frac{1}{2}$	$\frac{1}{2}$	$\frac{1}{2}$	$\frac{1}{2}$	$\frac{1}{2}$

표 1 숨은변수가 결정한 입자의 속성과 상자 두 개의 스위치 위치에 따른 측정 결과.

두 상자의 스위치가 다를 때, 즉 스위치의 위치가 A1B2, A1B3, A2B1, A2B3, A3B1, A3B2일 때도 GGG나 RRR 입자가 오면 등의 색이 같다. 그렇지 않을 때는 같은 등이 켜질 수도 있고 다른 등이 켜질 수도 있다. 예를 들어 GGR 입자가 오면 A1B2, A2B1일 때는 둘 다 초록 등을 켜고 A1B3이거나 A2B3이면 상자 A는 초록 등, 상자 B는 빨간 등을 켠다. A3B1이나 A3B2로 세팅이 되어 있으면 반대로 상자 A는 빨간 등, 상자 B는 초록 등이 켜진다. GGR이라는 입자가 올 때 스위치 세팅이 다른 여섯 가지 경우 중에 두 가지 경우, 즉 $\frac{1}{3}$의 경우에 색이 같다. 다른 입자들의 경우도 분석해보면 마찬가지로 $\frac{1}{3}$의 경우에 색이 같다.

그러므로 상자 A, B의 스위치 위치가 다를 때 등의 색이 같을 확률은 $\frac{2}{8} + \frac{6}{8} \times \frac{1}{3} = \frac{4}{8} = \frac{1}{2}$이다. 여기에서 결과가 뻔한 GGG, RRR 입자가 오는 경우를 제외하면 등의 색이 같을 확률은 $\frac{1}{3}$이므로 '스위치 위치가 다를 때 등이 같은 색이 될 확률은 $\frac{1}{3}$보다 크다'라고도 말할 수 있다. 이것이 벨 부등식이다. 즉 숨은변수이론이 맞을 때 만족해야 하는 부등식이다. 이 부등식이 실험실에서 실험으로 증명되면 숨은변수이론이 맞고 양자물리는 틀린 것이며, 양자물리가 맞다면 이 부등식이 깨지는 경우가 존재해야 한다.

애초에 벨이 제시한 부등식은 수학적이고 앞서 말한 설명보다 복잡하다. 그런데 데이비드 머민이 복잡한 수학 없이도 이해할 수 있도록 이와 같이 단순한 게임으로 개념을 명확히 전달하는 논문을 발표했다. 리처드 파인먼은 양자컴퓨터를 만들면 슈퍼컴퓨터보다 환상적으로 빠를 것이라는 예언을 최초로 한 물리학자다. 노벨상을 탄 것은 물론이거니와 물리학자들의 멘토여서 그가 강의할 때는 동료 교수들도 청강을 했다고 한다. 리처드 파인먼이 머민의 논문을 보고 머민에게 편지를 써서 '내가 본 물리학 논문 중에 가장 아름답다'라고 칭찬했다고 한다.[20]

이 실험을 실제로 실험실에서 해보면 어떻게 될까? 우선 상자 C에서 상자 A, B 양측에 보낼 얽힌 두 입자 쌍이 필요한데, 그게 쉽지가 않아서 벨 테스트가 나온 지 한참 후까지 실험이 되지 않고 있었다. 그러다가 광자 하나를 결정에 비추면 결정 내부에서 일어나는 상호작용에 의해 새로운 광자 두 개가 생성되는 현상이 발견되었다. 이 과정에서 에너지가 보존되어야 하므로 처음 들어가는 광자 한 개의 에너지와 나오는 두 개 광자의 에너지의 합은 같다. 광자의 에너지는 주파수에 비례하므로 들어가는 광자는 주파수가 높은 자외선이고 나오는 두 개의 광자는 가시광선이나 적외선이다. 새로운 두 광자는 어떤 방향으로도 편광이 되어 나올 수 있는데, 다만 이 생성 과정의 대칭성에 의해 두 광자 모두 같은 방향으로 편광이 되어 나온다. 즉 편광의 방향이 같은, 얽힌 상태의 광자 두 개가 생성되는데, 편광의 방향은 정해져 있지 않다.

이제 이 두 광자를 각각 하나씩 A, B 두 상자에 보내고 상자에는 편광축이 120도 간격으로 놓인 세 편광판이 광자의 편광을 측정한다고 해보자(그림 4-3). 스위치를 1에 놓으면 수직 편광판이 측정하고 스위치를 2에 놓으면 편광축이 반시계 방향으로 120도 돌아간 편광판, 스위치를 3에 놓으면 240도 돌아간 편광판이 측정한다. 날아온 광자가 편광판을 통과하면

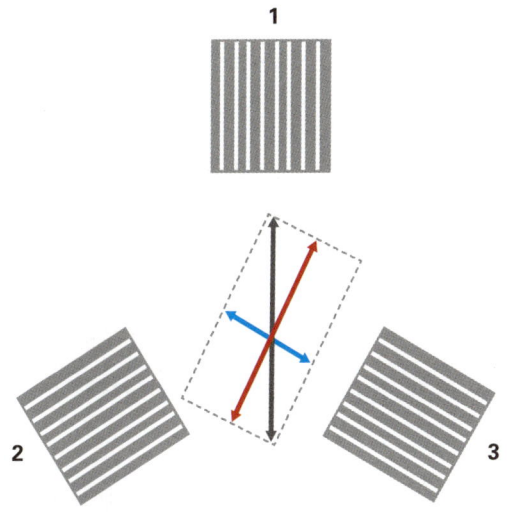

그림 4-3 편광으로 실험하는 벨 테스트. 검은 화살표는 수직편광, 파란색 화살표는 시계 방향으로 120도 돌아간 편광축에 평행한 성분, 빨간색 화살표는 그에 수직한 성분을 나타낸다.

초록 불을 켜고, 통과하지 못하면 빨간 불을 켜도록 한다. 상자 A의 스위치가 1번 위치, 즉 편광축이 수직으로 놓여 있는데 광자가 관측이 되었다고 하자. 그러면 상자 A로 날아온 광자는 수직편광이라는 뜻이며 상자 A는 초록 불을 켠다. 양자론의 주장을 따르면, 편광의 방향이 정해지지 않은 얽힘 상태를 측정했더니, 상자 A에서 수직편광만 남은 상태로 붕괴되고, 동시에 상자 B에 도달한 광자도 수직편광으로 동시에 붕괴된다. 그러므로 상자 B의 스위치도 광자를 1번 위치, 즉 수직편광판으로 측정하면서 역시 광자가 통과되어 초록 불을 켜게 되는 것이다.

똑같은 상황을 숨은변수이론에서는 두 상자 모두 처음부터 수직편광인 광자가 날아들었기 때문에 둘 다 수직편광이 관측되었다고 해석한다. 상자 A, B에서 모두 스위치가 1번 위치에 있는데 GGG, GGR, GRG, GRR 네 개 중 하나의 입자가 날아왔기 때문에 두 개 다 초록 불이 켜졌다고 해석하는 것이다. 어느 해석이든 두 개 편광판의 편광축이 같은 방향일 때는 확률 100%로 같은 결과를 예상하므로 실험에서 차이를 보일 수 없다.

이제 두 상자에서 스위치 위치를 다르게 해보자. 상자 A의 스위치가 1번에 놓여 편광판의 편광축은 수직 방향이고, 상자 B의 스위치는 3번에 놓여 편광판의 편광축은 수직에서 시계 방향으로 120도 돌아간 방향이다. 양자물리이론에 따르면, 상자 A의 수직편광판이 광자를 측정하면 상자 B의 편광도 수직인데, 수직편광은 120도 돌아간 편광성분 $\cos 60° = \frac{1}{2}$과 이에 수직한 성분 $\sin 60° = \frac{\sqrt{3}}{2}$의 중첩이다. 광자를 측정하게 되는 확률은 빛의 세기에 비례하며 빛의 세기는 진폭의 제곱에 비례하므로 상자 B의 편광판으로 광자를 측정하게 될 확률은 상자 B의 편광판 방향 성분 $\frac{1}{2}$의 제곱인 $\frac{1}{4}$이다. A와 B가 어떤 편광판을 쓰더라도 서로 다른 편광판을 쓴다면 같은 결과를 얻는다. 즉 두 상자의 스위치 위치가 다를 때 같은 결과를 줄 확률은 $\frac{1}{4}$이라는 뜻이며 벨 부등식은 깨진다.

  같은 상황에 대해 다른 결과가 나왔다. 국소적 숨은변수 이론은 상자 A에 날아왔고 상자 B도 받았을 입자는 GGG, GGR, GRG, GRR 중 하나일 것이라고 해석하므로 스위치가 3번 위치에 놓인 상자 B도 초록 등(G)을 켤 확률은 $\frac{1}{2}$이다. 그러나 양자론에 따르면, 상자 A가 초록 등(G)를 켠 순간, 상자 B가 받은 입자는 초록 등(G)이 켜질 확률이 $\frac{1}{4}$, 빨간 등(R)이 나타날 확률이 $\frac{3}{4}$인 상태로 변한다는 뜻이다.

  벨 부등식이 깨진다는 것은 입자에 정보가 미리 새겨져 있다는 가정이 틀렸으며, 양자물리의 주장대로 상자 A의 측정결과에 따라 상자 B에 보내진 입자의 상태가 순간적으로 결정됨을 의미한다. 즉 숨은변수는 없다는 것이다. 등이 같을 확률은 측정 전까지 어떤 것이 나타날지 알 수 없어야 $\frac{1}{4}$이 될 수 있다. 그리고 한 개의 입자가 측정되었을 때 나머지 입자의 상태도 순간적으로 결정되어야 하므로 비국소성이 필요하다.

이 실험을 실제로 수행하여 입증한 사람이 바로 2022년에 노벨 물리학상을 탄 알랭 아스페 박사다. 얽힘의 비국소성이 증명되자 이를 이용한 기술들이 제안되기 시작했다. 양자기술의 시대가 활짝 열린 것이다. 양자컴퓨터, 양자암호통신, 양자원격이동 등에서 이 성질을 이용한다. 이 기술들이 공상과학같이 들리는 이유의 근원은 바로 얽힘의 비국소성에서 찾을 수 있다.

주

1 20여 년 전 유행했던 만화책 『광수생각』에서 보았다. 아직 보지 않았다면 강력 추천한다.
2 Sommerfeld, Arnold. *Thermodynamics and Statistical Mechanics*, Academic Pr. 1956.
3 Rhodes, Richard. *The Making of the Atomic Bomb*, Simon & Schuster, 1986. 리처드 로즈, 『원자 폭탄 만들기1』, 문신행 옮김, 사이언스북스, 2003.
4 Crick, Francis. *What Mad Pursuit: A Personal View of Scientific Discovery*, Basic Books, 1990, p.60.
5 Planck, Max. *Scientific Autobiography and Other Papers*, Philosophical Library, 1949, pp. 33–34.
6 닐스 보어가 1952년 코펜하겐에서 하이젠베르크와 파울리와 나눈 대화 중에 나온 것으로 전해진다. 대화는 다음 저서에서 언급되었다. Bohr, Niels. *Essays 1932–1957 on Atomic Physics and Human Knowledge*, The Philosophical Writings of Niels Bohr, Vol. 2. Ox Bow Press, 1987(reprint).
7 Einstein, Albert and Max Born. *The Born-Einstein Letters: Correspondence between Albert Einstein and Max and Hedwig Born*, Edited by Hedwig Born. Macmillan, 1971.
8 Einstein, Albert. "Maxwell's Influence on the Evolution of the Idea of Physical Reality", *James Clerk Maxwell: A Commemoration Volume, 1831–1931*, Cambridge University Press, 1931. 이 논문의 첫 문장이다.

9 Rhodes, *The Making of the Atomic Bomb*.
10 물리학계에서 매우 유명한 말로서, 리처드 파인먼, 데이비드 머민, 폴 디랙 등 여러 물리학자와 연결되어 회자되었다. 물리학자 데이비드 머민이 1989년에 쓴 글에서 처음 널리 알려졌다. Mermin, David. "What's Wrong with These Equations?", *Physics Today* 42, no. 10, October 1989. 이 글에서 머민은 자신이 당시 양자역학을 배울 때 교수들에게서 들었던 분위기를 요약한 표현이라고 설명한다.
11 https://www.youtube.com/watch?v=kE0uFe5Pe3k
12 World Economic Forum and Accenture. "Quantum for Society: Meeting the Ambition of the SDGs", World Economic Forum, September 20, 2024.
13 노정혜, 「젊게 늙어가는 시대를 위한 준비」, 한겨레, 2024년 3월 7일 자.
14 McKinsey & Company. *Quantum Technology Monitor*, September 2021.
15 McKinsey & Company. *Quantum Technology Monitor*, April 2024.
16 Vakili, Mohammad Ghazi, Christoph Gorgulla, and Alex Zhavoronkov, et al. "Quantum-Computing-Enhanced Algorithm Unveils Potential KRAS Inhibitors.", *Nature Biotechnology*, April 2025. https://www.nature.com/articles/s41587-024-02526-3.
17 Bluvstein, D., S. J. Evered, A. A. Geim, et al. "Logical Quantum Processor Based on Reconfigurable Atom Arrays." *Nature* 626, 2024, pp. 58–65. https://doi.org/10.1038/s41586-023-06927-3.
18 https://static-content.springer.com/esm/art%3A10.1038%2Fs41586-023-06927-3/MediaObjects/41586_2023_6927_MOESM4_ESM.mp4
19 McKinsey & Company. "Quantum Computing Use Cases Are Getting Real—What You Need to Know." McKinsey Digital, December 2021.
20 Stuckey, W. M., Timothy McDevitt, Michael Silberstein, and T. D. Le. "Answering Mermin's Challenge with Conservation per No Preferred Reference Frame", *arXiv*, September 20, 2018.

그림 및 사진 출처

2-1 Prof. Randall Feenstra, Carnegie Mellon University 제공. https://www.andrew.cmu.edu/user/feenstra/stm/
2-5 https://en.wikipedia.org/wiki/Bletchley_Park
2-8 CC BY-SA 2.0 drewgstephens.
2-9 양자내성암호연구단.
2-10 World Economic Forum. "Quantum for Society: Meeting the Ambition of the SDGs", Insight Report, Sep. 2024.
2-14 CC BY 2.0 Jean-Pierre Dalbera.
2-16 (유체역학) CC BY-ND 2.0 Kitware Inc., (플라스마) CC BY-SA 3.0 Culham Centre for Fusion Energy, (지구물리) Witter, J. B., Siler, D. L., Faulds, J. E., & Hinz, N. H. "3D geophysical inversion modeling of gravity data to test the 3D geologic model of the Bradys geothermal area, Nevada, USA", *Geothermal Energy*, 4(1), 14, 2016. https://doi.org/10.1186/s40517-016-0056-6
2-17 관계부처합동, 「퀀텀 이니셔티브(안)—양자과학기술 대도약, 디지털을 넘어 퀀텀의 시대로」, 2024. 4. 25. https://www.pacst.go.kr/jsp/m/initiative/quantum_initiative_intro.pdf
2-18 Deloitte Insights. "2025 FSI Predictions—Emerging developments and trends in the financial services industry(FSI)", 2023.
2-20 内閣府 量子技術イノベーション戦略の戦略見直し検討ワーキング

グループ.『量子未来社会ビジョン(案)~量子技術による目指すべき未来社会ビジョンとその実現に向けた戦略~』. 量子技術イノベーション会議(第11回) 資料2, 2022年4月12日.(일본 내각부 양자기술 혁신전략 재검토 워킹그룹,『양자 미래 사회 비전(안): 양자기술에 의한 지향해야 할 미래 사회 비전과 그 실현을 위한 전략』. 제11회 양자기술 혁신회의 자료 2. 2022년 4월 12일) Designed by macrovector / Freepik.
2-21 US ITER.
2-22 War in the East 게임. https://www.matrixgames.com/game/gary-grigsbys-war-in-the-east-2
3-1 World Economic Forum, "Quantum for Society: Meeting the Ambition of the SDGs", Insight Report, Sep. 2024.
3-2 정보통신기획평가원 정책기획팀,「주요국의 양자과학기술 정책 및 미국의 양자과학기술 정책·R&D 추진 동향」2024-04호, 정보통신기획평가원, 2024.7.15.
3-3 McKinsey & Company. "The Quantum Technology Monitor: Facts and figures", Sep. 2021.
3-4 McKinsey & Company. "The Quantum Technology Monitor", Apr. 2024.
3-5 Geetha, Senthil. "NIH Quantum Biomedical Innovations and Technologies(Qu-BIT)", National Institutes of Health, 2024.
3-6 McKinsey & Company. "The Quantum Technology Monitor", Apr. 2024.
3-8 https://blog.google/technology/research/google-willow-quantum-chip/?utm_source
3-13 (왼쪽) CC BY 4.0 Jay M. Gambetta, Jerry M. Chow & Matthias Steffen, (오른쪽) IBM.
3-15 Blatt Lab—Quantum Optics and Spectroscopy. https://thequantumaviary.blogspot.com/2021/03/heres-how-ion-trap-quantum-computers.html
3-16 Barredo, Daniel, Vincent Lienhard, Sylvain de Leseleuc, and Thierry Lahaye. "Synthetic Three-Dimensional Atomic Structures Assembled Atom by Atom", *Nature* 561, no. 7721, 2018: 79–82. https://doi.org/10.1038/

s41586-018-0450-2

3-17 Bluvstein, Dolev, Simon J. Evered, and Alexandra A. Geim, et al. "Logical Quantum Processor Based on Reconfigurable Atom Arrays." *Nature* 626, no. 7958, 2023: 58–65. https://doi.org/10.1038/s41586-023-06927-3

3-18 Zhong, H.-S., et al. "Quantum computational advantage using photons", *Science* 370, 1460, 2020(arXiv:2012.01625), Fig. X. https://arxiv.org/abs/2012.01625

3-19 자나두.

3-20 Federico Fedele and Ferdinand Kuemmeth 제공. https://qdev.nbi.ku.dk/research/solid-state_qubits/

3-22 마이크로소프트.

그림 및 사진 출처

찾아보기

ㄱ
가모프, 조지　23
가트너　147~148
각운동량　110, 112~113, 195
갈륨아세나이드　221
감베타, 제이　228
게이츠, 빌　179
결맞음 시간　189~190, 196, 201~202, 210, 216, 225~228, 230~232
고전역학　54, 121, 192
고전컴퓨터　87~89, 96~97, 108, 113, 129, 150, 167, 173~175, 182, 184. 186, 194~195, 201, 242
골드만삭스　129
공개키 암호체계　95~97, 101~102
과학기술공동위원회(과기공동위)　156~157
과학기술정보통신부(과기정통부)　155~156, 163
광전효과　25~26
광집게　206~209
광통신　35, 85, 160~161
구글　163. 177~179, 181, 187, 190, 203, 222~223, 235

국소성　55, 59
　비국소성　59~62
그로버, 로브　97, 118
기계공학과　35

ㄴ
나노기술　69, 217, 227, 239~240, 247
냉동기　157, 201~203
노벨상　25, 28~29, 63, 262, 267
노보 노디스크　113, 245
노화　136~138, 245
논리 큐비트　186~190, 208~209, 223
뉴턴, 아이작　13, 58
　뉴턴 방정식　14, 46, 50, 53~54, 192
　뉴턴법칙　27, 52
　뉴턴의 역학　14, 16, 67

ㄷ
다이아몬드 NV 센터　75, 79~80, 216
단백질　105~109
단일 큐비트 연산　196, 201, 204~205, 207, 213, 216, 230
당뇨병약　137~138

대덕연구단지　158
「대한민국 양자과학기술 전략」　155
데이터검색　97
　　고전데이터검색 알고리듬　97
　　양자데이터검색 알고리듬　97, 102
디랙, 폴　217~218
디웨이브　203, 235
딜로이트 인사이트　126~127, 147
땋임이론　218

ㄹ
러더퍼드, 어니스트　31~32
레이저　35, 46, 70, 85, 187, 204~210
리피터　160, 162, 166

ㅁ
마스터카드　128
매킨지 보고서　125, 151~152, 155,
　　169~170, 235, 238
맥스웰, 제임스　13~14, 17~18
　　맥스웰 방정식　17~18
머민, 데이비드　60
머스크, 일론　245
머크　113
메트포르민　137
몬테카를로 방법　128~129
무선통신　83, 85
물리 큐비트　186~190, 208, 223
미국 국가안보국(NSA)　104
미국 국립보건원(NIH)　164
미국 국립표준기술연구소(NIST)　102, 236
미쓰비시　115

ㅂ
바클레이즈은행　128
베넷, 찰스　70, 82
베니오프, 폴　90

벤츠　115
벨, 존 스튜어트　60, 63
　　벨 부등식　61
　　벨 테스트　63
변분법　192, 194~195
병렬처리　6, 88~90, 97, 112, 123~124, 174,
　　181
보스턴컨설팅그룹　147
보어, 닐스　13, 24, 32, 39, 49, 60
볼츠만상수　22
불확정성 원리　53~55
브라사르, 질　82
블록체인　100~101, 103~104, 246
비료　105, 114, 238
비밀키 암호방식　83~84, 168
비밀키 암호체계　97, 101
비트코인　99~101, 103~105

ㅅ
사이퀀텀　213
삼체문제　51
상대론　14, 18, 21, 25, 27, 49, 58~59,
　　61~62, 67, 217
상대성이론　21, 49, 52
세계경제포럼　105~106, 148, 173
소프트웨어　89, 153, 158, 163, 165, 167,
　　180, 190
쇼어, 피터　96
순간이동기술　61, 71, 162
슈퍼컴퓨터　61, 90, 113, 122, 130,
　　175~181, 183, 223, 237
스탠다드차타드은행　128
스핀　33, 69, 110~112, 213~214
　　전자스핀　69, 196, 216
　　핵스핀　69, 196, 216, 221
실험물리학자　28~29, 31

ㅇ

아스페, 알랭 61, 63
아이온큐 190, 206
아인슈타인, 알베르트 13~14, 24~26,
　45~46, 49, 59
아톰컴퓨팅 210
악사 98, 236
알파폴드 108
암호화폐 100~104, 246
압전체 77~78
애니온 218~219
양자 알고리듬 89~90, 96, 164, 176, 191,
　230~231, 248
양자 우월성 175, 179
양자 이득 150~151, 156, 172, 174~175,
　177~180, 190
양자-고전 하이브리드 형식 194
양자기계학습 246
양자기술 플래그십 프로젝트 74, 149, 154
양자기술단 156, 243
양자내성암호 99, 102~104, 129, 168, 236,
　244, 246
양자물리이론 27, 54, 270
양자암호키분배기 160
양자인터넷 85~86, 166
양자 자기장센서 74~75
양자전략위원회 154
양자점 213~215, 227~228
양자진흥법 154
양자컴퓨팅 88, 182
양자키분배 83
　양자키분배기 84, 166~168
　양자키분배기술 83, 85~86, 166~168
양자통신망 160
얽힘 55~56, 59~64, 68~69, 78, 82~83,
　124, 168, 183, 188, 196, 210~211, 217,
　225, 229~230

에너지 문제 132, 135
엑스레이 33~34, 78, 108
엔비디아 89, 144, 178
연결성 225, 228, 230~232
연세대 152~153, 159, 241
열 현상 19~20, 237
열역학 14, 20, 67, 121~222, 237
영, 토머스 42
예정조화설 52
오류 정정 177, 180, 184~185, 187, 189,
　191, 201, 223~225
왓슨, 제임스 32
위고비 245
위상 큐비트 188, 219
위험 가치(VAR) 분석 129
윌로우 178, 190
유선통신 85
유체역학 121, 135, 237
이론물리학자 27~31
이중 큐비트 연산 189, 196, 201, 204, 207,
　210~211, 214, 232
이중슬릿 실험 42~44
인공위성 72~73, 85, 138, 160
인공지능 89~90, 108~109, 123~124, 138,
　153, 172, 192, 234, 244, 247~248
인과 58

ㅈ

자기공명영상 33
자나두 213
자유도 109~113, 186
재료공학과 35
전자공학 34~35, 60, 161
전자기 현상 16, 18
전자서명 102~104
전쟁 73, 138~142, 242
조건부 NOT 연산(CNOT) 208, 211~212,

228~230
조머펠트, 아르놀트　20
중국　16, 139, 149, 151~152, 155, 160, 181, 190, 234
중력 법칙　14, 16
중력센서　71, 73~74
중복 기록　185~186
중첩 상태　44, 55~56, 81, 86, 161, 204
지우장　190

ㅊ
책임 있는 연구와 혁신(RRI)　247

ㅋ
카오스이론　52~53
카이샤은행　129
컴퓨터게임　139
퀀티넘　206
큐에라　210
크릭, 프랜시스　32
키르히호프, 구스타프　22

ㅌ
탄소　61, 78, 113~114, 117, 216~217, 238
토카막　134
토플러, 앨빈　249
트랜지스터　35, 64, 70

ㅍ
파스칼　210
파이자　113
파인먼, 리처드　70, 90, 112, 267
패리티 비트　184
포트폴리오 최적화　126, 128, 131, 246
플라스마　121, 133~135
플랑크, 막스　22~24, 26, 36
플랑크상수　22

ㅎ
하드웨어　89, 127, 153, 158, 163, 165, 176, 180, 188, 190~191, 234~235
하드포크　104
하라리, 유발　247
하이젠베르크, 베르너　54
한국과학기술연구원(KIST)　158
한국연구재단　156, 243
한국표준과학연구원　158, 181
한국형 초전도 핵융합연구장치(KSTAR)　135
해시함수　102, 104
해킹　91~92, 97, 99, 101, 167~168, 183, 244
핵자기공명 양자컴퓨터　214, 221~222
헤르츠, 하인리히 루돌프　26
현대자동차　115, 234
확장성　164, 180, 201~202, 206, 222~225
황, 젠슨　144, 178~179

A~Z, 숫자
GPS　72~75
HSBC　129
IBM　151~153, 159, 163, 177, 181, 203, 222, 228, 231, 235, 241
JP모건　129
NASA　235
PZT　76~77
SKT　158, 234
UN　148, 173
1차 대전　99
2차 대전　92~93, 139

퀀텀의 시대
ⓒ 이순칠 2025

초판 발행 2025년 10월 30일

지은이 이순칠

책임편집 조은화 | **편집** 허영수
디자인 스튜디오포비 이강효 | **일러스트** 임경선
마케팅 이보민 손아영

펴낸곳 (주)북하우스 퍼블리셔스 | **펴낸이** 김정순
출판등록 1997년 9월 23일 제406-2003-055호
주소 04043 서울시 마포구 양화로 12길 16-9(서교동 북앤빌딩)
전화 02-3144-3123 | **팩스** 02-3144-3121
전자우편 henamu@hotmail.com | **홈페이지** www.bookhouse.co.kr
인스타그램 @henamu_official

ISBN 979-11-6405-341-4 03420

해나무는 (주)북하우스 퍼블리셔스의 과학·인문 브랜드입니다.

* 본문에 포함된 사진, 인용문 등은 가능한 한 저작권과 출처 확인 과정을 거쳤습니다. 그 외의 저작권에 관한 사항은 편집부로 문의해주시기 바랍니다.